扫一扫,"码"上学做

甘智荣/主编

中国名菜

U0308274

黑龙江科学技术出版社
HEILONGJIANG SCIENCE AND TECHNOLOGY PRESS

图书在版编目（CIP）数据

扫一扫，"码"上学做中国名菜/甘智荣主编.--
哈尔滨:黑龙江科学技术出版社,2015.11（2024.5重印）
ISBN 978-7-5388-8543-9

Ⅰ.①扫… Ⅱ.①甘… Ⅲ.①中式菜肴－菜谱 Ⅳ.
①TS972.182

中国版本图书馆CIP数据核字(2015)第224807号

扫一扫，"码"上学做中国名菜

SAOYISAO, "MA" SHANG XUE ZUO ZHONGGUO MINGCAI

主　　编	甘智荣	
责任编辑	刘　杨	
摄影摄像	深圳市金版文化发展股份有限公司	
策划编辑	深圳市金版文化发展股份有限公司	
封面设计	深圳市金版文化发展股份有限公司	
出　　版	黑龙江科学技术出版社	
	地址：哈尔滨市南岗区公安街70-2号 邮编　150007	
	电话：(0451)53642106　传真：(0451)53642143	
	网址：www.lkcbs.cn	
发　　行	全国新华书店	
印　　刷	深圳市雅佳图印刷有限公司	
开　　本	723 mm×1020 mm　1/16	
印　　张	12	
字　　数	220千字	
版　　次	2016年11月第1版	
印　　次	2016年11月第1次印刷　2024年5月第3次印刷	
书　　号	ISBN 978-7-5388-8543-9/TS・650	
定　　价	48.00元	

01 PART

美馔·中国名菜

02 PART

历史悠久·鲁菜

目录

03

PART

川菜 风味独特·

04

PART

苏菜 制作细巧·

05 PART

粤菜

原料广博·

06
PART

浙菜

刀工精细·

07
PART

闽菜

口味清鲜·

08
PART

湘菜
色调浓郁·

目录 Contents

PART 01

美馔·中国名菜

　　中国经过几千年的发展，菜肴的食材异常丰富，烹饪技术日臻完善，菜系发达，能人辈出，流派众多。中国的饮食文化，不亚于世界上任何一种古老的文化，它表现出了中国人的感性与理性，对美的追求，对礼的追求，对生活的追求。学习制作中国名菜，是从吃到懂得的开始。

中国的饮食文化

中国是一个饮食大国。由于地理环境、气候物产、文化传统及民族习俗等因素的影响，产生了为人们所喜爱的各地菜系，它们占据了中国饮食文化的半壁江山。

「饮食文化的历史发展」

如今中式餐馆遍布全球，食物纪录片《舌尖上的中国》的火爆再一次证明了中华美食的名气，这一切都要归根于中国有优秀的饮食文化，而中国饮食文化的溯源，还要从祖先燧人氏说起。燧人氏钻木取火，用火来弄熟食物，自此在中国人的饮食习惯里，食物与火结下了不解之缘，即为烹饪。先秦时期，与饮食有关的意识形态逐步建立起来，比如"五谷为养"的膳食平衡理论；"色、香、味、形"的美食标准等。西汉时期，张骞出使西域引进了多种外域食材，酱油、醋等调味品也被开发了出来。到了唐宋，食肆盛行，不同地方、不同民族的菜肴互相影响、交流。历经前人种种，清朝出现闻名天下的满汉全席也就不足为奇了。

「饮食文化的区域分化」

有限的原料，闭塞的环境，这是一个区域与另一个区域分化的开始，长此以往，这个区域的人和那个区域的人就有了不同的饮食文化。区域分化首先通过物产来影响原料和当地人的饮食习惯、喜好，广东省内有珠江，南靠南海，因此水产丰富，以河鲜、海鲜的菜肴闻名；新疆拥有中国最大的沙漠——塔克拉玛干沙漠，这片土地上瓜甜果蜜，牛羊不会膻腥。其次，气候是一大主因。川、贵、湘地喜辣，是因为当地的湿冷的环境，辣椒有活

络身体、驱寒保暖的作用。众所周知南方的夏季潮湿闷热，人的出汗量会大增并导致体乏，养生汤富有营养，也容易被人体吸收，无论是补充体力还是解渴，煲汤都是广东人的不二选择。

像今天流行的"八大名菜"的说法就是从饮食文化的区域分化来的。最早的时候，中国只有南方菜和北方菜的说法。随着秦始皇统一天下，偏僻之地才逐渐为人所知，如巴蜀和闽粤，菜系因此增多。两宋时繁华的餐饮业催生了"南食""北食""川食"三大类食肆，淮扬菜（苏菜）因清朝皇帝下江南而出名，鸦片战争后吸收了西式餐饮文化的粤菜自成一家，至清末明初之际，中国菜系初步成形。现如今，鲁菜、川菜、苏菜、粤菜、闽菜、浙菜、湘菜和徽菜都是有一定民众基础的著名的菜系。

「饮食文化中的烹饪技术」

饮食文化中的烹饪技术发展成熟且精致，从选料、清洗、刀工、烹调、入味、勾芡，直至盛出装盘，是人民的智慧的体现，也是对美味的追求。中国的烹调法众多，炸、煮、炒、煎、炖、蒸、爆、熘、焖、氽、烤等，不同做法有不同的口感，不同的原料有不同的考量。比如烤，这种使食物暴露在空气中接近火加热，或直接烧起来的方法较为原始，若食物表皮烧焦则难以下咽，按现代科学来说，也有害健康。有一种古时称作糖煨的制法，糖煨即是热灰的意思，将食物用植物叶子包裹，放入热灰中变熟，此方法避免了食物被烧焦或污染，现代名为"叫化鸡"的菜肴就沿用了此种技术。

除此之外，中国还讲究用火。什么时候用大火，什么时候应该转换火势，都有它的道理。食物被长时间地加火慢热，拆散了它原本的肌理，但外形还保持着原来的样子，因此菜肴本身仍是令人赏心悦目的，而入口即化、回味无穷的口感所产生的落差，使享味者的心理得到了无穷的满足。同样为口感做贡献的，还有勾芡一类的手法，使菜肴生出浓郁润滑的汁液，提升口感、有助于下咽，这也算是中国烹饪技术的一大特点吧！

八大菜系的特色

中国菜源远流长，经过历代名厨精心研制，众多风味佳肴层出不穷，其中主要由八大名菜流派撑起这片瑰丽多姿的美食天地。

「鲁菜」

鲁菜分为济南风味、胶东风味和孔府风味。

济南风味尤擅制汤，清香、味厚、纯正和脆嫩是此种风味的特色。

胶东风味以福山菜为首，其余有烟台菜、青岛菜等。胶东一带靠海，水产品众多，该风味的特点是经常烹制海鲜，很少添加调料，意在还原本味。除此之外，胶东风味在为冷盘和热菜做造型时，颇具创意。

孔府风味，顾名思义是依据孔子之道所创设的一类菜，其中以宫廷菜最为著名，多做筵席，因此制作过程复杂，有多道烹调工艺，如烧、炒、煨、炸、扒。除了对菜肴本身有严格要求外，也讲究餐具的精致和菜名的深远寓意。

鲁菜最突出的烹调方法为爆、扒、拔丝，尤以爆、扒为世人所称道。"扒"难度极大，包括选料高档考究、火候精准、火力适时变化、刀工摆盘精美、大翻勺等程序，属鲁菜一绝；而爆，非常讲究火候，俗话说"食在中国，火在山东"。

其代表名菜有"芙蓉鸡片""酱爆腰花""御府鸭块""一品豆腐""木须肉""葱烧海参"等。

「川菜」

川菜分为蓉派川菜、盐帮菜和渝派川菜。

蓉派川菜，以成都和乐山菜为主。特点是小吃，清淡传统。讲究用料和传统，用料要准确，严格参照经典菜谱，典故颇多，味道温和，香气悠长。

盐帮菜，以自贡和内江菜为主。其特点是大气，独特，高端。有麻辣、辛辣、甜酸三大类别；味厚、味重、味丰三大特点。讲究调味。

渝派川菜，以重庆和达州菜为主。特点是家常菜，麻辣创新。此类菜不拘小节，不断追求新鲜，大胆调味，广用食材，大多起源于民间并在市民中流传，又称江湖菜。

川菜烹调方法多样，在小煎、小炒、干煸和干烧方面有独到之处。其基本味型为麻、辣、甜、咸、酸、苦6种，在基本味型的基础上，又可以调配变为麻辣味、酸辣味、鱼香味、咸鲜味、白油味、椒盐味、家常味、怪味等多种复合味型，无不厚实醇浓，其中以长于麻辣著称于世。

其代表名菜有"水煮鱼""宫保鸡丁""麻婆豆腐""鱼香肉丝""夫妻肺片""毛血旺""泡椒凤爪"等。

「苏菜」

苏菜分为金陵风味、淮扬风味、苏锡风味和徐海风味。

金陵风味以南京为中心。滋味平和纯正。早在千年以前，鸭已成为金陵美食，如今金陵的鸭子做成的菜肴拥有"甲天下"的美誉。著名如咸水鸭、鸭血粉丝汤、卤鸭、板鸭等，都是宴席上的一道风景。

淮扬风味以扬州为中心，包括镇江和两淮区域。注重细巧的制作，擅烹鱼鲜，常采用炖、焖、煨等技法，重刀工，瓜果雕刻，无不玲珑，口味适中。

苏锡风味以苏州和无锡为中心，讲究造型、火候，擅烹河鲜和鲜蔬，口味偏甜。

徐海风味以徐州沿东陇海线至连云港一代地方为中心。掌握五味，实惠为先，口味偏咸。徐州的霸王别姬，为其名菜。

苏菜风格清新雅丽，形质均美，主要反映在其刀工上。苏菜刀法多样而且精细，工艺冷盘、花色热菜、瓜果雕刻等，无不显示出苏菜精湛的刀工技术。

其代表名菜有"盐水鸭""红烧狮子头""松鼠鳜鱼""霸王别姬""四喜丸子""中庄醉蟹"等。

「粤菜」

粤菜分为广州菜、潮州菜和东江菜。

广州菜是包括珠江三角洲和肇庆、韶关、湛江等地的名食。土地辽阔，原料广博，味道清淡，鲜嫩为佳。擅长小炒，要求火候与油温恰到好处，时间不应过长。主张口味随季节而变，对鲜有极大的追求。

潮州菜，旧属福建地方，因此方言和风俗与闽南相似，此地方菜正是融合了闽、粤两地之长，别具一格。潮州菜爱摆十二款，上头菜、尾菜时为甜菜，下半席上咸点心。擅烹海鲜，好做甜菜，百种款式，粗料细作，香甜可口。

东江菜，也称客家菜。客家人本居中原，部分人多年前从河南迁至。无论是方言还是风俗都沿袭了中原传统，肴馔多肉类，少河鲜、海鲜，少菜蔬，如梅菜扣肉，客家名菜，讲究香浓，味咸油重。

广东的杂食之风，令人震惊不已。但粤菜还有其他令人瞩目的地方，粤菜善取百家之长，以蒸、炒、煎、焗、焖、炸、煲、炖、扣见长，在模仿中创新。

代表名菜有"盐焗鸡""白切鸡""梅菜扣肉""脆皮乳鸽""卤水拼盘"等。

「浙菜」

浙菜分为杭帮菜、宁波菜、绍兴菜和温州菜。

杭帮菜历史悠久，是浙菜的主流。以爆、炒、烩、炸为主，多出名菜名点，工艺细致，口味清鲜、爽脆与典雅并存。

宁波菜的特点是擅长烹调海鲜，用蒸、烤、炖等技法，色调较浓，讲究"咸鲜合一"，并达到嫩、软、滑的效果。

绍兴菜以河鲜、家禽、豆类、笋类为主，讲究原汁原味，香软酥糯，如一幅江南水乡的水墨画，忌杂、油、辣。

温州菜以海鲜为主，烹饪时轻油、轻芡、重刀工，被称作"二轻一重"，口味清而不寡，淡而不薄。

浙菜素有"佳肴美点三千种"的盛名，讲究原料鲜活，遵循"四时之序"。浙菜刀法娴熟，配菜巧妙，烹调细腻，装盘讲究，其细腻多变的刀法、淡雅的配色，恰当地将烹饪技艺与美学有机结合，做出一道道美味佳肴，深得国内外食客的赞许。

其代表名菜有"西湖醋鱼""东坡肉""宋嫂鱼羹""糖醋里脊""醉虾""金城宝塔"等。

「闽菜」

闽菜分为福州菜、闽南菜和闽西菜。

福州菜是闽菜的主流，也在闽东、闽中、闽北一带广泛流传。菜肴给人以清鲜之感，口味酸甜，汤菜较多。福州菜擅用红糟，将其用来调汤，能赋予"百汤百味"之感，闻见糟香，如见地方。

闽南菜以厦门、晋江、尤溪、台湾为中心。菜肴鲜嫩、香醇，讲究作料，喜香辣。

闽西菜，以"客家话"地区为中心，擅长制作山珍、野味，多用生姜去膻腥，给人以鲜醇、厚润、略油之感。

闽菜注重刀功，以"鸡蓉金丝笋"为例，冬笋切得细如金丝，食时鸡蓉松软，笋丝嫩脆，鲜润爽口。

闽菜注重汤菜，汤是闽菜的精髓。这种烹饪特征与其多烹制海鲜和传统食俗有关。因此，闽菜"重汤"或"无汤不行"。

闽菜善于调味。闽菜的调味，偏于甜、酸、淡。善用糖，甜去腥膻；巧用醋，酸能爽口；味清淡，则可保存原料的本味。

其代表名菜有"佛跳墙""东壁龙珠""菊花鲈鱼""沙茶牛肉""扳指干贝""荔枝肉"等。

「湘菜」

湘菜分为湘江流域风味、洞庭湖区风味和湘西山区风味。

湘江流域的菜肴多用煨、炖、腊、蒸、炒等烹调技法，油浓色重，选材广泛。

洞庭湖区擅长烹调河鲜、禽畜。多用炖、烧、腊等烹调技法，芡浓油浓，鲜辣鲜香，常用火锅。

湘西山区擅制山珍、野味和腌肉，口味偏咸、香、酸辣。

湘菜调味以"酸辣"著称，因为有辣椒的陪衬，湘菜的色调便浓郁起来。另外，湖南酸泡菜也是一大特色，其酸比醋更为醇厚柔和，用酸泡菜做调料，并以辣椒烹制，菜肴开胃爽口，深受青睐，形成独具特色的地方饮食习俗。

湘菜的"煨"的技艺更显精湛，几乎达到炉火纯青的地步。煨，从色泽变化上看，可分为红煨、白煨。在调味方面又有清汤煨、浓汤煨和奶汤煨。煨，讲究小火慢炖，原汁原味。

其代表名菜有"毛家红烧肉""东安仔鸡""腊味合蒸""土匪猪肝""冰糖湘莲甜汤""荷叶软蒸鱼""口味虾"等。

「徽菜」

徽菜分为皖南菜、沿江菜和沿淮菜。

皖南菜包括黄山、歙县（古徽州）、屯溪等地，擅长烧、炖，讲究火功，常用火腿佐味、冰糖提鲜。有不少菜肴是用木炭火单炖、单烤，菜肴形态朴实、香气四溢。

沿江菜流行于芜湖、安庆及巢湖地区，以后也传到合肥地区，擅长烹调河鲜、家禽，讲究刀工，注意形色，多用红烧、清蒸和烟熏技艺。

沿淮菜流行于蚌埠、宿县、阜阳等地，一般咸中带辣，汤汁口重色浓，菜肴质朴酥脆，咸鲜爽口，惯用香菜配色和调味。

重油、重色、重火功是徽菜的三大特色，其以色、香、味、形俱全而盛行于世。另外，徽菜善于烧、炖，除各种技法娴熟运用之外，尤以烧、炖、熏、蒸菜品而闻名。其风味特色是讲究食补。徽菜的食补有独到之处，在保持风味特色的同时，十分注意菜肴的滋补营养价值，这是徽菜的一大特色。

其代表名菜有"鹌鹑蛋烧肉""黄山臭鳜鱼""清蒸鹰龟""朱洪武豆腐""鱼咬羊"等。

名菜典故

英国前首相麦克米伦说："自从罐头食品问世以来，要享受饮食文明，只有到中国去。"中国文人历来喜欢吃，描写吃，文人笔墨一挥而就，众多名菜典故垂名。

八仙过海闹罗汉

八仙过海闹罗汉是山东孔府喜庆寿宴时的第一道名菜。从汉初到清末，历代的许多皇帝都亲临曲阜孔府祭祀孔子。其中乾隆皇帝就去过七次。至于达官显贵，文人雅士前往朝拜者更为众多。因而孔府设宴招待十分频繁，孔宴闻名四海。

此菜用鸡作为罗汉，以鱼翅、海参、鲍鱼、鱼骨、鱼肚、虾、芦笋、火腿等八种主料为八仙，故名为八仙过海闹罗汉。此菜一上席即开锣唱戏，一边品尝美味，一边听戏，十分热闹。

叫化鸡

叫化鸡又称常熟叫化鸡、黄泥煨鸡，是江苏常熟地区的汉族名菜，入口酥烂肥嫩，风味独特。

相传在明末清初，常熟虞山麓有一叫化子，某天偶得一鸡，苦无炊具调料，无奈之中，便将鸡宰杀去除内脏，带毛涂上泥巴，入火中煨烤，待泥干成熟，鸡毛随壳而脱，香气四溢，叫化子大喜过望，正好隐居在虞山的大学士钱牧斋路过，闻到香味就尝了一下，觉得味道独特，回家命家人稍加调味如法炮制，味道更是鲜美无比。

麻婆豆腐

四川传统名菜，始创于清同治初年。当时成都北郊万福桥有一陈兴盛饭铺，主厨掌灶的是店主陈春富之妻陈刘氏。光顾陈兴盛饭铺的主要是挑油的脚夫，这些人经常是买点豆腐、牛肉要求老板娘代为加工。

日子一长，陈刘氏对烹制豆腐有了一套独特的技法。她用豆腐、牛肉末、辣椒、花椒、豆瓣酱等烧制，味美可口，因她脸上有几颗麻子，故传称为麻婆豆腐。

白切鸡

白切鸡又名"白斩鸡"。原汁原味，皮爽肉滑，清淡鲜美，是一道色香味俱全的粤式名菜。

相传从前有一个读书人，乐善好施。这年中秋到了，他和妻子决定杀只母鸡。妻子刚将母鸡端进厨房，忽然窗外有人呼救火，两人忙赶去。待回家时灶火已熄，锅中水微温，光鸡竟被烫熟。原来妻子走得匆忙，忘放作料和盖上锅盖。于是，白斩来吃。

龙井虾仁

龙井虾仁，顾名思义，是配以龙井茶的嫩芽烹制而成的虾仁，是富有杭州地方特色的名菜。

传说，龙井虾仁与乾隆皇帝有关。一次乾隆下江南游杭州，当他来到龙井茶乡时，天忽下大雨，在一位村姑家避雨，村姑好客，让坐泡茶。乾隆饮到如此香馥味醇的龙井茶，想带一点回去又不好开口，便偷偷抓了一把。待雨过天晴继续游玩，直到日落，在西湖边一家小酒肆入座，点了几个菜，其中一个是炒虾仁。点好菜后他忽然想起龙井茶叶，想泡来解渴。小二接茶时见乾隆的龙袍，吓了一跳，赶紧告诉掌勺的店主。店主正在炒虾仁，一听，极为恐慌，忙中出错，竟将小二拿进来的龙井茶叶当葱段撒在炒好的虾仁中。谁知这盘菜端到乾隆面前，清香扑鼻，他禁不住连声称赞："好菜! 好菜! "

佛跳墙

佛跳墙又名满坛香、福寿全，是闽菜中居首位的传统名菜，多次作为国宴的主菜，接待国内外贵宾。

关于佛跳墙，民间有很多传说。其中流传甚广的版本是光绪二十五年，福州 一官员宴请福建布政使周莲，他为巴结周莲，令内眷亲自主厨，用绍兴酒坛装鸡、鸭、羊肉、猪肚、鸽蛋及海产品等20多种原辅料煨制。周莲尝后，赞不绝口。问及菜名，官员说该菜取"吉祥如意、福寿双全"之意，名"福寿全"。

后来，衙厨郑春发学成此菜，并加以改进，口味尤胜前者。有一次，一批文人墨客来尝此菜，其中一秀才心醉神迷，触发诗兴，当即慢声吟道："坛启荤香飘四邻，佛闻弃禅跳墙来。"同时，在福州话中，"福寿全"与"佛跳墙"发音亦雷同。从此，"佛跳墙"便成了此菜的正名。

东安仔鸡

东安子鸡又叫东安鸡，是一道湖南的汉族传统名菜，属于湘菜。

相传唐玄宗开元年间，有客商赶路，在路边小饭店用餐。店主老妪因无菜可供，捉来童子鸡现杀现烹。那仔鸡经过葱、姜、蒜、辣椒调味，香油爆炒，再喷以酒、醋、盐焖烧，红油油、亮闪闪、鲜香软嫩。客人吃得赞不绝口，到处宣传此菜绝妙，竟传千年。

奶汁肥王鱼

安徽菜中的宿州菜色，是由肥王鱼配以多种调味料制成的一道亦汤亦菜的美食。肥王鱼具有"鲜、嫩、滑、爽"四大特点，该菜含有丰富的蛋白质，特别适合滋补食用。

肥王鱼又称淮王鱼、回王鱼，国内罕见，产于安徽凤台县境内峡山口一带数十里长的水域里，为鱼中上品。据凤台县志记载：西汉时，有人将此鱼献给淮南王刘安，刘安给它取名"回黄"，并常在宴席中称赞此鱼鲜美可口。一次刘宴众大臣，因人多鱼少，厨师以其他鱼混充，被刘安识破，大发雷霆："吾一日不能无肥王。"可见肥王鱼受宠之程度。淮南王喜食"回黄"，人们就称回黄为"淮王鱼"。寿县地区对"回""肥"读音相同，故当地人称"肥王鱼"。后此菜流入蚌埠、合肥一带民间，以奶汁鸡汤煨煮，成为徽菜一绝。

夫妻肺片

四川成都地区人人皆知的一道风味名菜。

相传在20世纪30年代，成都少城附近，有一对夫妻以制售凉拌牛肺片为业，夫妻俩亲自操作，走街串巷，提篮叫卖。由于他们经营的凉拌肺片制作精细、风味独特，深受人们喜爱，为区别一般肺片摊店，人们称他们为"夫妻肺片"。后来，他们设店经营，在用料上更为讲究，以牛肉、牛心、牛舌、牛肚、头皮等取代最初单一的牛肺，为了保持此菜的原有风味，"夫妻肺片"之名一直沿用至今。

也有一说是由于采用的原料都是牛的内脏，而这些原料经常是被丢弃的，所以当时被称作"废片"，后来有人觉得"废片"二字不怎么好听，将"废"字易为"肺"字，才成就了这个著名菜品的名字。

PART 02 历史悠久·鲁菜

　　鲁菜源于山东，历史悠久，山东古称"齐鲁之邦"，鲁菜因而得名。鲁菜深受儒家文化的影响，富有儒家饮食之风，"食不厌精，脍不厌细"。在明、清两代，鲁菜成为宫廷御膳的主体，被列为八大菜系之首，影响着我国北方的广大地区，被公认为是堂正中和、大方高雅菜点的集合体系。

济南风味

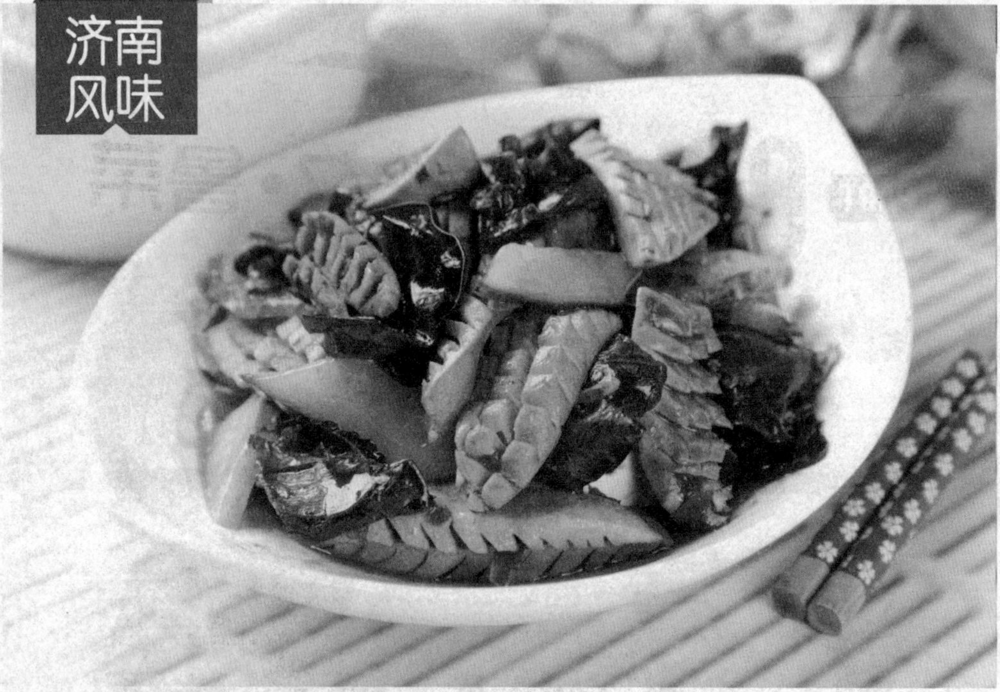

扫一扫看视频

酱爆腰花

4分钟　保肝护肾

原料： 猪腰350克，黄瓜150克，水发木耳80克，豆瓣酱适量，姜片、葱段各少许

调料： 盐2克，鸡粉1克，生抽5毫升，料酒、水淀粉各10毫升，食用油适量

做法

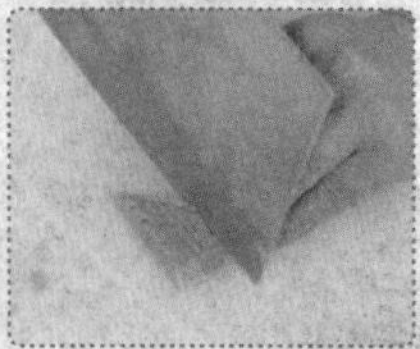

1 黄瓜洗净，切菱形片；猪腰洗净，去筋膜，横剖成片，在一面划十字，切腰花。

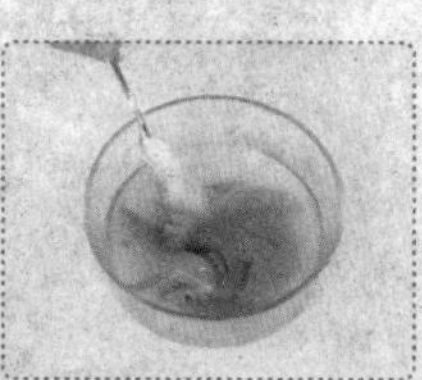

2 将腰花装碗，注清水，加5毫升料酒、1克盐，拌匀，浸泡至去除腥味及血水。

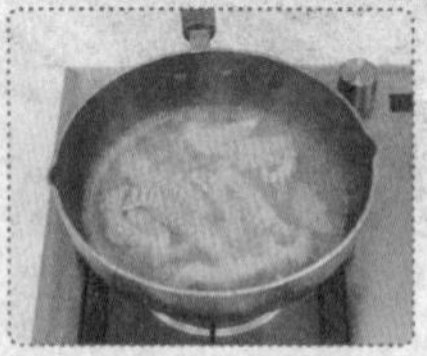

3 沸水锅中倒入泡过的腰花，汆煮至转色，捞出汆好的腰花，沥干水分，装碗待用。

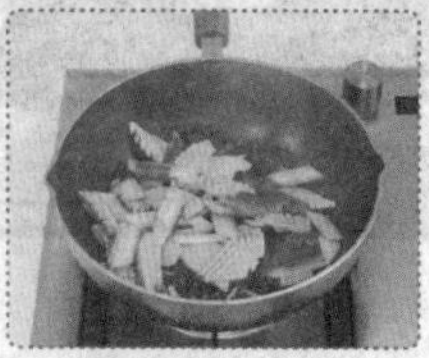

4 热锅注油，倒入姜片、葱段、豆瓣酱炒香，倒入备好的木耳、腰花和黄瓜。

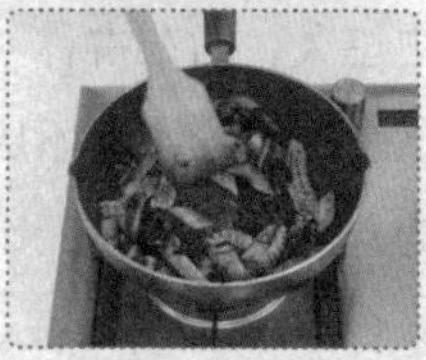

5 炒约1分钟，加5毫升料酒、生抽、鸡粉、1克盐，炒入味，加水淀粉勾芡即可。

烹饪小提示

泡洗猪腰时可多捏挤一会儿，能有效去除脏污及腥味。

扫一扫看视频

🕐 48分钟

益气补血

黄焖鸡

原料： 鸡肉块350克，水发香菇160克，水发木耳90克，水发笋干110克，干辣椒、姜片、蒜头、葱段各少许，啤酒600毫升

调料： 盐3克，鸡粉少许，蚝油6克，料酒4毫升，生抽5毫升，水淀粉、食用油各适量

烹饪小提示

鸡肉块也可先汆水后再烹调，能减轻腥味。

做法

1 泡发好的笋干洗净，切段。

2 用油起锅，放姜片、蒜头、葱白爆香，倒入鸡肉块，炒至断生，淋上料酒炒香。

3 放入洗净的香菇，倒入笋干、干辣椒、啤酒、盐、生抽、蚝油，拌匀调味。

4 加盖，烧开后用小火焖约30分钟，揭盖，倒入洗净的木耳，翻炒匀。

5 再盖盖，用中小火煮约15分钟至食材熟透，加入鸡粉、葱叶，炒至断生。

6 用水淀粉勾芡，转大火，炒至汤汁收浓，关火后盛出即可。

扫一扫看视频

芙蓉鸡片

🕐 3分钟　🐰 降低血压

原料： 鸡胸肉230克，鸡蛋2个，彩椒70克

调料： 盐、鸡粉各3克，生粉、水淀粉、食用油各适量

> **做法**

1. 鸡蛋打开，取蛋清装碗；彩椒洗净切条，再切小块；鸡胸肉洗净切片。

2. 鸡肉片加1克盐、1克鸡粉、蛋清、水淀粉、油腌渍；余下蛋清加生粉，搅拌，制成蛋液。

3. 锅中水烧开，加油、彩椒块，略煮后捞出；下鸡肉片入油锅略炸后捞出。

4. 锅底留油，入蛋液炒至六成熟，入鸡肉片、彩椒、2克盐、2克鸡粉，炒匀盛出。

扫一扫看视频

干烧鲫鱼

🕐 3分钟　🐰 开胃消食

原料： 鲫鱼1条，红椒片、姜丝、葱段各少许

调料： 盐、味精、蚝油、老抽、料酒、葱油、辣椒油、生粉、食用油各适量

> **做法**

1. 鲫鱼宰杀洗净，剖一字花刀，加料酒、盐拌匀，用生粉抹匀腌渍。

2. 热锅注油，烧至六成热，放入鲫鱼，炸约2分钟至鱼身金黄色时捞出。

3. 锅留底油，放姜丝、葱白煸香，入鲫鱼、料酒、水，加盖，焖烧1分钟。

4. 加盐、味精、蚝油、老抽、红椒片、葱油、辣椒油拌匀，收汁出锅，撒葱叶即可。

糖醋黄河鲤鱼

⏱ 7分钟　🍲 清热解毒

扫一扫看视频

原料： 黄河鲤鱼550克，朝天椒圈、葱花、蒜末、姜末各适量

调料： 盐3克，白糖15克，番茄汁、味精、生抽、陈醋、生粉、水淀粉、食用油各适量

做法

1 净鲤鱼两面打上斜花刀，加1克盐、味精，两面抹匀，腌渍入味。

2 番茄汁加陈醋、清水、2克盐、白糖、生抽，拌匀成味汁；将鲤鱼抹匀生粉。

3 锅中注油烧热，放入鲤鱼，转小火浸炸，边炸边用锅勺浇油，炸4分钟，捞出。

4 起油锅，放朝天椒、姜末、蒜末、味汁、水淀粉，将芡汁和葱花倒在鲤鱼上即成。

扫一扫看视频

葱烧海参

⏱ 6分钟　　🍲 保肝护肾

原料：水发海参200克，大葱70克，姜片、蒜末、葱白各少许

调料：盐、蚝油各5克，鸡粉6克，白糖3克，料酒10毫升，老抽、水淀粉、食用油各适量

做法

1 大葱洗净切成约3厘米长的段；海参洗净对半切开，切成段，再改切成小块。

2 锅中水烧开，入油、2克鸡粉、2克盐、5毫升料酒、海参，煮3分钟，捞出待用。

3 用油起锅，倒入大葱，爆香，再放入姜片、蒜末、葱白，翻炒均匀。

4 倒入海参，淋入5毫升料酒，转小火，加入3克盐、4克鸡粉、白糖、老抽、清水，拌匀煮沸。

烹饪小提示

海参发开后要反复地清洗几次，才能较彻底地去除其残留的化学物质。

5 放入蚝油，拌匀入味，转大火收干汤汁，淋入清水、水淀粉炒匀，盛出即成。

扫一扫看视频

珊瑚白菜

⏱ 3分钟　🍲 降低血脂

原料： 大白菜300克，青椒15克，冬笋100克，水发香菇50克，姜片、蒜末各少许

调料： 盐、鸡粉各4克，生抽4毫升，水淀粉、食用油各适量

做法

1 大白菜洗净切条；青椒洗净，去子切丝；香菇泡发切丝；冬笋切丝。

2 锅中注清水烧开，加入油、2克盐、冬笋、香菇，半分钟后放入白菜，捞出。

3 用油起锅，倒姜片、蒜末爆香，倒入青椒和焯过水的材料，翻炒匀。

4 加入生抽、2克盐、鸡粉，倒入水淀粉，把锅中食材翻炒至入味，盛出。

扫一扫看视频

锅塌豆腐

⏱ 3分钟　🍲 清热解毒

原料： 豆腐350克，葱花少许

调料： 盐2克，食用油适量

做法

1 豆腐洗净切厚片，再切成块。

2 锅中注入适量清水烧开，加入1克盐，再放入豆腐块，煮一会儿，去除酸味后捞出。

3 煎锅中注入适量食用油，烧热，倒入豆腐块，用小火煎出焦香味。

4 翻转豆腐块，小火煎至金黄色，加1克盐，转动炒锅，煎至入味，盛出撒上葱花即成。

扫一扫看视频

拔丝山药

⏱ 7分钟　🍲 增强免疫力

原料： 山药500克，白芝麻3克
调料： 食用油30毫升，白糖150克，白醋、生粉各适量

做法

1　将去皮洗净的山药切成条，再切成块。

2　锅中注水烧开，加入白醋、山药拌匀，煮约1分钟捞出，将山药沥干后裹上生粉。

3　热锅注油，烧至五成热，放入山药炸片刻，拌匀，炸至米黄色捞出。

4　用油起锅，倒入白糖、清水，小火熬成糖浆，倒入山药，盛出撒上白芝麻即可。

糖醋排骨 ⏱ 4分钟 🍲 益气补血

原料： 排骨350克，青椒20克，鸡蛋1个，蒜末、葱白各少许
调料： 盐3克，面粉、白醋、白糖、番茄酱、水淀粉、食用油各适量

做法

1 青椒洗净切开，切成块；排骨洗净斩成段；鸡蛋打入碗中，搅散。

2 排骨盛入碗中，加1克盐、蛋液拌匀，加入面粉裹匀，静置片刻。

3 热锅注油，烧至六成热，放入处理好的排骨，炸约1分钟至熟，捞出。

4 锅底留油，倒入蒜末、葱白、青椒、清水、白醋、白糖、番茄酱、2克盐炒匀。

5 待白糖化开，加水淀粉勾芡，倒排骨炒匀，再加少许熟油炒匀，盛出装盘即可。

烹饪小提示

倒入排骨后，要不停翻炒以免煳锅，且烹饪时间不宜过久；糖醋比例可调整。

扫一扫看视频

干炸里脊

⏱ 4分钟　🍲 增强免疫力

原料： 猪里脊肉170克，生粉40克，鸡蛋1个

调料： 盐、鸡粉、胡椒粉各1克，料酒5毫升，味椒盐、食用油各适量

做法

1. 猪里脊肉洗净切厚片，切条，装碗，加料酒、盐、胡椒粉、鸡粉，腌渍至入味。

2. 鸡蛋中倒入生粉，稍稍拌匀，注入15毫升左右的凉开水，拌匀成面糊。

3. 面糊中倒入腌好的里脊肉，搅拌至里脊肉均匀裹上面糊，待用。

4. 起油锅，放入里脊肉，油炸约2分钟至里脊肉成金黄色，关火盛出，取小碟装味椒盐，蘸取食用即可。

扫一扫看视频

软炸里脊

⏱ 5分钟　🍲 增强免疫力

原料： 里脊肉130克，蛋清30克，生粉40克

调料： 盐、鸡粉、胡椒粉各1克，味椒盐20克，料酒5毫升，食用油适量

做法

1. 里脊肉洗净切片，肉片加盐、鸡粉、胡椒粉、料酒和三分之二生粉拌匀。

2. 取大碗，倒入蛋清，打发至起细滑泡沫，倒入剩余生粉，拌匀成蛋白糊。

3. 锅中注油，烧至七成热，将肉片裹上蛋白糊，将裹上蛋白糊的肉片放入油锅中。

4. 油炸约3分钟至成淡黄色，关火后捞出装盘，食用时蘸取味椒盐即可。

酱爆鸡丁 ⏱ 3分钟 🐷 增强免疫力

原料： 鸡脯肉350克，黄瓜150克，彩椒50克，姜末10克，蛋清20克

调料： 水淀粉、料酒、老抽各5毫升，黄豆酱10克，生粉3克，白糖2克，鸡粉2克，盐、食用油各适量

做法

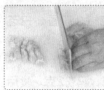

1 黄瓜洗净切条去瓤，切成丁；彩椒洗净去子，切块；处理好的鸡肉切条，切丁。

2 将鸡丁装入碗中，加入盐、料酒，拌匀，倒入蛋清、生粉，搅拌片刻，注油腌渍。

3 起油锅，倒入腌渍好的鸡丁，搅匀，倒入黄瓜、彩椒，搅拌滑油，捞出。

4 锅底留油烧热，用姜末爆香，放黄豆酱，炒匀，加入清水、白糖、鸡粉，搅匀。

5 倒入鸡丁、黄瓜、彩椒，炒匀，加入老抽、水淀粉，翻炒收汁，盛出即可。

烹饪小提示

鸡肉可以多腌渍片刻，炒制出来更鲜嫩。

扫一扫看视频

⏱ 30分钟

💪 增强免疫力

香酥鸡

原料： 三黄鸡600克，花椒、丁香、白芝麻、白芷各3克，干辣椒6克，生粉15克，香叶、豆蔻、葱段、香菜、姜片各适量

调料： 料酒6毫升，盐3克，鸡粉2克，食用油适量

烹饪小提示

炸鸡块时可多搅拌，会使受热更均匀。

做法

1 处理干净的三黄鸡装入碗中，放入花椒、丁香、白芷、香叶、豆蔻。

2 加入葱段、姜片，放入料酒、1克盐，用手抓匀，盖上保鲜膜，腌渍至入味。

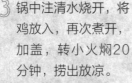

3 锅中注清水烧开，将鸡放入，再次煮开，加盖，转小火焖20分钟，捞出放凉。

4 将鸡斩成块状，装碗，撒入2克盐、鸡粉、白芝麻、生粉，快速搅拌片刻。

5 热锅中注油，烧至六成热，将拌好料的鸡块倒入，搅拌片刻，炸至香酥，捞出。

6 起油锅，用干辣椒炒香，倒入鸡块，炒匀，撒上香菜，炒香，盛出即可。

红焖家鸡

⏱ 12分钟　🥗 增强免疫力

扫一扫看视频

原料： 家鸡250克，西蓝花200克，青椒、红椒各20克，葱白、蒜末、姜片各少许

调料： 盐5克，味精3克，水淀粉10毫升，料酒4毫升，老抽5毫升，生粉、生抽、豆瓣酱、食用油各适量

做法

1　青椒、红椒洗净切开，去子切片；西蓝花洗净切成朵；鸡肉洗净斩成块。

2　鸡块加2毫升料酒、2克盐、1克味精、生抽、生粉，拌匀，腌渍入味。

3　锅中注清水烧开，加入油、西蓝花，1分钟后捞出摆盘；鸡块滑油1分钟捞出。

4　锅底留油，下葱白、姜片、蒜末、鸡肉、料酒、豆瓣酱、盐、味精、老抽。

5　注清水烧开后，转小火焖8分钟，倒入青椒、红椒、水淀粉，炒匀，盛出即成。

烹饪小提示

炸制鸡块时，要控制好时间和火候，以免炸焦。

扫一扫看视频

8分30秒

保护视力

炸春卷

原料： 春卷皮数张，猪瘦肉100克，水发香菇35克，胡萝卜70克，黄豆芽55克，面浆适量

调料： 盐3克，鸡粉2克，白糖10克，料酒10毫升，生抽、老抽各4毫升，水淀粉4毫升，芝麻渍2毫升，食用油适量

烹饪小提示

炸春卷时，火候不宜太大，否则很容易炸糊。

做法

1 黄豆芽洗净切段；香菇洗净切丝；胡萝卜洗净去皮，切丝；猪瘦肉洗净切丝。

2 起油锅，放入肉丝，炸至变色，捞出。

3 锅中水烧开，加入油、香菇、胡萝卜，煮一会儿，加入黄豆芽，略煮后捞出。

4 肉丝、焯好的食材、盐、鸡粉、白糖、料酒、生抽、老抽、水淀粉、芝麻油入油锅炒匀，盛出。

5 取食材，放入春卷皮中，将春卷皮四边向内对折，裹上面浆卷起，制成春卷生坯。

6 起油锅，放入春卷生坯，炸约3分钟至金黄色，捞出即可。

扫一扫看视频

五香鲅鱼

🕐 3分钟　🤚 增强免疫力

原料： 鲅鱼块500克，面包糠15克，蛋黄20克，香葱、姜片各少许

调料： 五香粉5克，盐、鸡粉各2克，生抽4毫升，料酒10毫升，食用油适量

做法

1　取一碗，倒入鲅鱼块，加入五香粉、姜片、香葱、盐、生抽、鸡粉、料酒，拌匀，腌渍入味。

2　拣出香葱，倒入蛋黄，搅拌均匀，待用。

3　锅中倒入适量食用油，烧至六成热，将鱼块裹上面包糠，放入油锅中。

4　搅匀，炸至金黄色，关火后捞出，即可食用。

扫一扫看视频

拔丝苹果

🕐 9分钟　🤚 益智健脑

原料： 去皮苹果2个，高筋面粉90克，泡打粉60克，熟白芝麻20克

调料： 白糖40克，食用油适量

做法

1　苹果洗净去子，切块；取一碗，倒入部分面粉、泡打粉，注清水搅匀，制成面糊。

2　苹果块上撒剩余面粉，再将苹果块倒入面糊中，搅匀，充分混合。

3　起油锅，放入苹果块，油炸约3分钟至金黄色，捞出。

4　锅底留油，加入白糖，边搅拌边煮约2分钟至白糖熔化，倒入苹果块，炒匀，盛出后撒上熟白芝麻即可。

扫一扫看视频

4分钟

增强免疫力

木须肉

原料： 猪瘦肉200克，胡萝卜120克，黄瓜、鸡蛋各100克，水发木耳25克，葱15克，生姜10克，大蒜5克

调料： 盐3克，白糖4克，味精2克，鸡精少许，料酒3毫升，陈醋5毫升，生抽6毫升，水淀粉、芝麻油、食用油各适量

烹饪小提示

瘦肉滑油时不宜用大火，以免将肉质炸老了，影响口感。

做法

1 瘦肉、黄瓜、胡萝卜、生姜、大蒜切片；木耳泡发，切小块；葱切段。

2 鸡蛋打入碗中；肉片加1克盐、2克白糖、蛋清、水淀粉，拌匀上浆，再倒油腌渍。

3 碟中加淀粉、盐、2克白糖、味精、鸡精、陈醋、生抽、芝麻油搅成味汁。

4 锅中水烧热，加1克盐、油、胡萝卜片、木耳块，半分钟后放黄瓜片，断生捞出。

5 起油锅，将肉片滑油约半分钟后捞出；锅底留油烧热，将蛋液滑炒至六七成熟。

6 起油锅，下葱段、蒜片、姜片、木耳、胡萝卜、黄瓜、料酒、鸡蛋、味汁、肉片、水淀粉，收汁盛出。

御府鸭块

⏱ 6分钟　　🍲 增强免疫力

扫一扫看视频

原料： 净鸭肉400克，水发腐竹120克，水发香菇100克，油豆腐150克，冬笋150克，姜片、葱段、蒜片各适量，金华火腿、生菜叶、胡萝卜片各少许

调料： 食用油、料酒、豆瓣酱、生抽各适量，盐5克，味精3克

做法

1. 腐竹切段；香菇切片；油豆腐切开；金华火腿、冬笋切片；鸭肉斩块。

2. 生菜叶、冬笋片、香菇、火腿、腐竹、油豆腐焯煮后捞出；鸭块汆去血水。

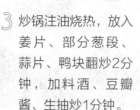

3. 炒锅注油烧热，放入姜片、部分葱段、蒜片、鸭块翻炒2分钟，加料酒、豆瓣酱、生抽炒1分钟。

4. 倒入焯煮好的食材，加入胡萝卜片、清水、盐、味精、剩余葱段，炒匀即成。

一品豆腐

⏱ 6分钟　　🥘 保肝护肾

原料： 豆腐300克，上海青150克，牛肉100克，红椒末、姜末、蒜末各少许
调料： 盐5克，豆瓣酱、水淀粉、料酒、食用油各适量

做法

1 豆腐切长方块；上海青洗净，去叶留梗，梗对半切开；牛肉洗净切片，剁成肉末。

2 锅中加清水烧开，加入食用油、盐拌匀，倒入上海青，煮约1分钟至熟，捞出。

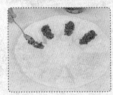

3 用油起锅，入蒜末、姜末、红椒末爆香，倒入牛肉，炒匀后加入料酒，翻炒至熟。

4 放入豆瓣酱炒匀，加入少许水淀粉勾芡，制成馅料，盛出，把馅料铺在豆腐块上。

烹饪小提示

肉末和豆腐入笼蒸的时间不宜过长，以肉刚熟为最佳，否则豆腐失去嫩滑的口感。

5 将豆腐放入蒸锅中，加盖，大火蒸约3分钟至熟透，揭盖，取出，摆入上海青。

PART 03 风味独特·川菜

川菜是中国风味最为独特的菜系，也是民间最大菜系。川菜源于先秦时期的巴国和蜀国。明末清初，辣椒第一次被引进四川并用来调味，自此，四川逐渐形成"无辣不欢"的饮食习惯。其菜式多样，口味清鲜醇浓并重，以麻、辣、鲜、香为特色，并以其别具一格的烹调方法和浓郁的地方风味，博采众长并予以创新，深受欢迎，享誉中外。

扫一扫看视频

🕐 60分钟

益气补血

咸烧白

原料： 五花肉350克，芽菜150克，八角、干辣椒段、花椒、葱花、糖色各少许，姜片25克

调料： 盐3克，味精、白糖、老抽、料酒、食用油各适量

烹饪小提示

炸五花肉前，用干毛巾将煮熟的五花肉吸干水分再炸，可防止溅油。

做法

1 锅中注清水用大火煮开，放入洗净的五花肉，加盖，煮约15分钟，捞出，凉凉。

2 将五花肉放入盘中，用糖色抹匀猪皮，起油锅，放入五花肉，加盖，炸约3分钟。

3 待肉放凉，将其切薄片装盘，淋入老抽、料酒，加盐、味精，拌匀入味。

4 取一碗，整齐地叠放好肉片，再放上八角、花椒、干辣椒和姜片。

5 起油锅，入姜片煸香，入芽菜、干辣椒段、部分葱花、味精、白糖，翻入味。

6 芽菜盛出放在肉片上，压实，将碗放入蒸锅，加盖蒸40分钟，取出撒上葱花。

蒜泥白肉

⏱ 42分钟 ☁ 增强免疫力

扫一扫看视频

原料： 净五花肉300克，蒜泥30克，葱条、姜片、葱花各适量

调料： 盐3克，料酒、味精、辣椒油、酱油、芝麻油、花椒油各少许

做法

1 锅中注清水烧热，放入五花肉、葱条、姜片，淋上少许料酒。

2 盖上盖，用大火煮20分钟至材料熟透，关火，在原汁中浸泡20分钟。

3 把蒜泥放入碗中，再倒入盐、味精、辣椒油、酱油、芝麻油、花椒油，制成味汁。

4 取出煮好的五花肉，切成厚度均等的薄片，摆好盘浇入原汁，撒上葱花即成。

生爆盐煎肉

⏱ 3分钟　☁ 增强免疫力

原料： 五花肉300克，青椒30克，红椒40克，葱段、蒜末各少许

调料： 盐2克，生抽5毫升，豆瓣酱15克，食用油适量

做法

1　洗净的红椒切成圈；洗好的青椒切成圈；处理好的五花肉切成片，备用。

2　用油起锅，倒入切好的五花肉，翻炒出油，放入盐，快速翻炒均匀。

3　淋入生抽，放入豆瓣酱，翻炒片刻，放入葱段、蒜末，翻炒出香味。

4　倒入切好的青椒、红椒，翻炒片刻，至其入味，关火后盛出，装盘即可。

扫一扫看视频

家常五香粉蒸肉

⏱ 43分钟　☁ 保肝护肾

原料： 五花肉块260克，红薯块260克，蒸肉米粉50克，蒜末8克，腐乳汁10克，红油豆瓣酱10克，葱花5克

调料： 盐3克，老抽5毫升，生抽10毫升，料酒20毫升

做法

1　取一碗，放入五花肉块，加料酒、生抽、老抽、蒜末、盐、腐乳汁、红油豆瓣酱、蒸肉米粉，拌匀腌渍。

2　取一蒸盘，放入红薯块铺平，倒入腌渍好的材料，摆好造型。

3　备好电蒸锅，烧开水后放入蒸盘。

4　盖盖，蒸约40分钟至食材熟透，断电后揭盖取出，趁热撒上葱花即可。

扫一扫看视频

鱼香肉丝

⏱ 4分钟　☁ 开胃消食

原料： 瘦肉150克，水发木耳40克，冬笋100克，胡萝卜70克，蒜末、姜片、蒜梗各少许

调料： 盐3克，水淀粉10毫升，料酒5毫升、味精3克，生抽3毫升，食粉、食用油、陈醋、豆瓣酱各适量

烹饪小提示

木耳要洗净，去除杂质和沙粒；鲜冬笋质地细嫩，不宜炒制过老，以免失去其鲜嫩口感。

做法

1 木耳、胡萝卜、冬笋、瘦肉洗净切丝。

2 肉丝装碗，加入1克盐、1克味精、食粉、7毫升水淀粉、食用油腌渍入味。

3 锅中注清水，烧开，加入1克盐，倒入胡萝卜、冬笋、木耳拌匀，煮1分钟捞出。

4 起油锅，将肉丝滑油至白色，即可捞出。

5 锅留油，下蒜末、姜片、蒜梗爆香，加入所有食材，加料酒、1克盐、2克味精、生抽、豆瓣酱、陈醋炒匀。

6 加入3毫升水淀粉，快速拌炒匀，盛出装盘即可。

扫一扫看视频

串串香辣虾

🕐 *4分钟*　　🍎 *增强免疫力*

原料： 基围虾250克，竹签10根，干辣椒段2克，红椒末4克，蒜末3克，葱花少许

调料： 盐3克，味精1克，辣椒粉2克，芝麻油3毫升，食用油适量

做法

1　基围虾洗净去头须和脚，用竹签由虾尾部插入，把虾穿好。

2　热锅注油，烧至五成热，倒入基围虾，炸约2分钟至熟捞出。

3　锅留油，用蒜末、红椒末爆香，倒入干辣椒段、葱花炒香。

4　倒入基围虾，加盐、味精、芝麻油、辣椒粉，翻炒，盛出后铺上锅中香料即成。

东坡墨鱼

⏱ 3分钟 🍲 防癌抗癌

扫一扫看视频

原料： 墨鱼300克，蒜末、姜末、红椒末、葱丝、葱段各少许
调料： 料酒、盐、生粉、白糖、陈醋、生抽、老抽、豆瓣酱、水淀粉、芝麻油、食用油各适量

做法

1 净墨鱼划成两片，切一字花刀；豆瓣酱切碎；墨鱼加料酒、盐拌匀腌渍。

2 锅倒清水烧热，放墨鱼身、墨鱼须汆至断生捞出，加生抽、生粉拌匀。

3 将墨鱼身、墨鱼须放入油锅中炸1分钟，捞出。

4 油锅加姜蒜末、红椒末、葱白、清水、陈醋、豆瓣酱、盐、白糖、生抽、老抽煮沸。

5 加入水淀粉、芝麻油制成稠汁，浇在墨鱼上，撒上葱叶、葱丝即成。

烹饪小提示

新鲜墨鱼烹制前，要将其内脏清除干净，因其内脏含有大量的胆固醇，多食无益。

麻婆豆腐

⏱ 4分钟　🐷 开胃消食

原料： 嫩豆腐500克，牛肉末70克，蒜末、葱花各少许

调料： 食用油35毫升，豆瓣酱35克，盐、鸡粉、味精、辣椒油、花椒油、蚝油、老抽、水淀粉各适量

做法

1 豆腐切成小块。

2 锅中注清水烧开，加入盐，倒入豆腐煮至入味，捞出。

3 起油锅，下蒜末、牛肉末、豆瓣酱、清水、蚝油、老抽、盐、鸡粉、味精。

4 加入豆腐、辣椒油、花椒油，用小火煮2分钟，加清水淀粉勾芡，盛出撒上葱花。

盐帮菜

扫一扫看视频

3分钟

补钙

干煸麻辣排骨

原料: 排骨500克,黄瓜200克,朝天椒30克,辣椒粉、花椒粉、蒜末、葱花各少许

调料: 盐2克,鸡粉2克,生抽5毫升,生粉15克,料酒15毫升,辣椒油4毫升,花椒油2毫升,食用油适量

烹饪小提示

排骨不要一起放入油锅中,以免粘连在一起。

做法

1 黄瓜洗净切丁;朝天椒洗净切碎。

2 排骨洗净装碗,淋入生抽、1克盐、1克鸡粉、7毫升料酒、生粉,抓匀。

3 热锅注油,烧至五成热,放入排骨,炸至呈金黄色,捞出。

4 锅底留油,放入蒜末、花椒粉、辣椒粉爆香,放入朝天椒、黄瓜翻炒。

5 倒入排骨,加1克盐、1克鸡粉、8毫升料酒提味。

6 放入辣椒油、花椒油,炒匀,撒入葱花,炒匀盛出即可。

水煮牛肉

🕐 5分钟　🍲 保肝护肾

原料： 牛肉500克，豆芽、莴笋各50克，蒜末、姜片、葱花、红辣椒段、花椒各少许

调料： 盐、味精、醪糟汁、水淀粉、高汤、豆瓣酱、白糖、蚝油、老抽、辣椒粉、花椒粉、辣椒油、食用油各适量

烹饪小提示

牛肉先用冷水浸泡两小时以上再烹饪，可去除牛肉中的血水，同时也能去除牛肉的腥味。

做法

1 牛肉洗净去筋，切薄片；莴笋洗净切片。

2 牛肉片放入碗中，加少许盐、味精、醪糟汁、水淀粉，拌匀，腌渍入味。

3 起油锅，入姜片、红辣椒段、花椒炒香，倒入豆瓣酱、高汤。

4 加盐、味精、白糖、蚝油、老抽煮沸，调成小火，拣出姜片、红辣椒段、花椒。

5 放入豆芽、莴笋，煮熟捞出，把牛肉倒入锅中，煮至熟透。

6 用水淀粉勾芡，盛入碗中，加入蒜末、辣椒粉、花椒粉、葱花、辣椒油即可。

五香粉蒸牛肉

⏱ 20分钟　　益气补血

原料：牛肉150克，蒸肉米粉30克，蒜末、姜末、葱花各3克
调料：豆瓣酱10克，盐3克，料酒、生抽各8毫升，食用油适量

扫一扫看视频

做法

1 牛肉洗净切片。

2 牛肉片加料酒、生抽、盐、蒜末、姜末、豆瓣酱、蒸肉米粉、食用油腌渍。

3 转到蒸盘中，摆好造型；备好电蒸锅，烧开水后放入蒸盘。

4 加盖，蒸约15分钟，取出蒸盘，趁热撒上葱花即可。

干煸四季豆

⏱ 3分钟　🍽 开胃消食

原料： 四季豆300克，干辣椒3克，蒜末、葱白各少许

调料： 盐3克，味精3克，生抽、豆瓣酱、料酒、食用油各适量

做法

1 四季豆洗净切段。

2 热锅注油，烧至四成热，倒入四季豆，滑油片刻捞出。

3 锅底留油，倒入蒜末、葱白、干辣椒爆香，倒入四季豆。

4 加盐、味精、生抽、豆瓣酱、料酒，翻炒约2分钟至入味，盛出即可。

扫一扫看视频

🕐 4分钟

💪 补钙

水煮肉片千张

原料： 千张300克，泡小米椒30克，红椒40克，猪瘦肉250克，姜片、蒜末、干辣椒、葱花各少许

调料： 盐、鸡粉、水淀粉、辣椒油、生抽、陈醋、豆瓣酱、食粉、食用油各适量

烹饪小提示

千张焯水的时间不宜过久，以免破坏其所含的营养成分。

做法

1 千张洗净切丝；泡小米椒切碎；红椒洗净去子，切粒；猪瘦肉洗净切片。

2 瘦肉装碗，放入食粉、盐、鸡粉、水淀粉、食用油，腌渍至其入味。

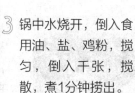

3 锅中水烧开，倒入食用油、盐、鸡粉，搅匀，倒入千张，搅散，煮1分钟捞出。

4 用油起锅，倒入姜片、蒜末、红椒、泡小米椒爆香，加入适量豆瓣酱，炒匀。

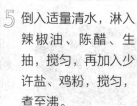

5 倒入适量清水，淋入辣椒油、陈醋、生抽，搅匀，再加入少许盐、鸡粉，搅匀，煮至沸。

6 倒入肉片，煮约1分钟，盛入装有千张的碗中，用炒锅热油，在碗中再加入葱花、干辣椒、热油即可。

扫一扫看视频

辣子肥肠

⏱ 3分钟　🫀 增强免疫力

原料： 肥肠400克，青椒20克，红椒20克，干辣椒5克，姜片、蒜末、葱白各少许

调料： 食用油30毫升，盐、老抽、生抽、料酒、味精、鸡粉、辣椒酱、辣椒油、水淀粉各少许

做法

1 青椒洗净切圈；红椒洗净切圈；肥肠洗净切块。

2 锅中注油，烧至五成热，倒入姜片、蒜末、葱白爆香，倒入干辣椒炒香。

3 倒入肥肠炒约1分钟，加入老抽、生抽、料酒炒至入味，倒入青椒、红椒。

4 加入辣椒酱、辣椒油、盐、味精、鸡粉、水淀粉勾芡，翻炒均匀盛出即可。

扫一扫看视频

泡椒炒牛肉

🕐 3分钟　　🍖 益气补血

原料： 牛肉200克，灯笼泡椒、青泡椒、泡菜、朝天椒末、姜片、蒜片、葱白、葱段各适量

调料： 盐、味精、料酒、生抽、水淀粉、食粉、食用油各适量

做法

1. 灯笼泡椒对半切开；牛肉洗净，切薄片。

2. 牛肉片倒入少许食粉、盐、味精、料酒、水淀粉拌匀，倒入适量油，浸渍入味。

3. 热锅注油，倒入腌好的牛肉片，滑油至断生捞出。

4. 锅留底油，入姜片、蒜片、葱白煸香，入灯笼泡椒、青泡椒、泡菜、朝天椒末、牛肉片、生抽拌匀，撒入葱段，翻炒匀即可。

扫一扫看视频

重庆烧鸡公

🕐 4分钟　　🍖 益气补血

原料： 公鸡500克，青椒45克，红椒40克，蒜头40克，葱段、姜片、蒜片、花椒、桂皮、八角、干辣椒各适量

调料： 豆瓣酱15克，盐2克，鸡粉2克，生抽8毫升，辣椒油5毫升，花椒油5毫升，食用油适量

做法

1. 青椒洗净切段；红椒洗净切段；处理干净的公鸡斩小块。

2. 锅中注清水烧开，倒入鸡块，煮沸，汆去血水，捞出待用。

3. 八角、桂皮、花椒、蒜头、鸡块、姜片、蒜片、干辣椒、青红椒入油锅，炒匀。

4. 加豆瓣酱、盐、鸡粉、生抽、辣椒油、花椒油炒匀调味，盛出放上葱段即成。

重庆芋儿鸡

⏱ 17分30秒　🍲 保肝护肾

原料： 小芋头300克，鸡肉块400克，干辣椒、葱段、花椒、姜片、蒜末各适量

调料： 盐2克，鸡粉2克，水淀粉10毫升，豆瓣酱10克，料酒8毫升，生抽4毫升，食用油适量

做法

1. 锅中注清水烧开，放入鸡肉块，氽煮捞出。
2. 热锅注油，烧至四成热，倒入洗净去皮的小芋头，炸至微黄色，捞出。
3. 锅底留油，放入干辣椒、葱段、花椒、姜片、蒜末爆香，倒入鸡块、豆瓣酱、生抽、料酒炒匀。
4. 倒入芋头，加水煮沸，放盐、鸡粉焖熟，转大火收汁，倒入水淀粉翻炒，盛出即可。

扫一扫看视频

茶树菇干锅鸡

⏱ 4分钟　🍲 增强免疫力

原料： 鸡肉块400克，茶树菇100克，大葱段60克，姜片、蒜片、葱段各少许

调料： 盐、鸡粉各2克，生抽8毫升，豆瓣酱10克，辣椒酱10克，料酒、水淀粉各10毫升，食用油适量

做法

1. 茶树菇洗净切段。
2. 锅中注清水烧开，倒入洗净的鸡肉块，氽去血水，撇去浮沫，捞出。
3. 用油起锅，下姜片、蒜片、葱段、大葱段、茶树菇、鸡块、料酒、豆瓣酱、生抽炒匀。
4. 放入辣椒酱、清水、盐、鸡粉炒匀，倒入水淀粉勾芡，盛出即可。

扫一扫看视频

扫一扫看视频

195分钟

降低血压

无骨泡椒凤爪

原料：鸡爪230克，朝天椒15克，泡小米椒50克，泡椒水300毫升，姜片、葱结各适量

调料：料酒3毫升

烹饪小提示

煮好的鸡爪可以过几次凉开水，这样吃起来更爽口。

做法

1 锅中注清水烧开，倒入葱结、姜片，淋入料酒，放入洗净的鸡爪，拌匀。

2 盖上盖，用中火煮约10分钟，至鸡爪肉皮胀发，揭盖，捞出鸡爪，装盘待用。

3 把放凉后的鸡爪割开，使其肉骨分离，剥取鸡爪肉，剁去爪尖，装盘待用。

4 把泡小米椒、朝天椒放入泡椒水中，放入处理好的鸡爪。

5 用手稍稍按压一下，使其浸入水中，封上一层保鲜膜，静置约3小时，至其入味。

6 揭开保鲜膜，用筷子将鸡爪夹入盘中，点缀上朝天椒与泡小米椒即可。

扫一扫看视频

⏱ 9分钟

☁ 开胃消食

毛血旺

原料： 鸭血450克，牛肚500克，鳝鱼100克，黄花菜、水发木耳各70克，莴笋50克，火腿肠、豆芽各45克，红椒末、姜片各30克，干辣椒段20克，葱段、花椒各少许

调料： 高汤、料酒、豆瓣酱、盐、味精、白糖、辣椒油、花椒油、食用油各适量

烹饪小提示

牛肚入锅煮的时间不宜太久，否则吃起来口感很差，待锅煮沸后再下入锅中则有脆嫩口感。

做法

1 牛肚洗净切块；净鳝鱼切段；鸭血洗净切块；莴笋去皮洗净，切片；火腿肠切片。

2 清水烧热，倒鳝鱼、料酒氽去血渍捞出；倒牛肚煮熟捞出；倒入鸭血煮熟捞出。

3 油锅烧热，倒红椒末、姜片、葱白炒香，放豆瓣酱、高汤焖5分钟。

4 加盐、味精、白糖、料酒、黄花菜、木耳、豆芽、火腿肠、莴笋，煮熟捞出。

5 将氽煮过的牛肚、鳝鱼、鸭血入锅煮熟，装碗。

6 辣椒油、花椒油、干辣椒段、花椒入锅炒香装碗，撒葱叶，浇上少许热油即成。

酸菜鱼

⏱ 9分钟　🍲 开胃消食

扫一扫看视频

原料： 草鱼600克，酸菜200克，姜片、朝天椒末各20克，葱花10克，白芝麻少许

调料： 盐3克，味精2克，葱姜酒汁、水淀粉、白糖、食用油各适量

做法

1 酸菜洗净切成小段；草鱼片出鱼肉，切片，鱼骨斩成块。

2 鱼片加1克盐、1克味精、水淀粉拌匀，腌渍。

3 起油锅，倒入鱼骨略煎，加入姜片、朝天椒末、葱姜酒汁、清水、酸菜拌匀。

4 大火炖约约5分钟，加入2克盐、1克味精、白糖，捞出鱼骨、酸菜。

5 将鱼片倒入锅中，煮约1分钟，倒入装有鱼骨和酸菜的碗中，撒上葱花、白芝麻。

烹饪小提示

烹饪此菜要选用新鲜的草鱼。另外，烹饪时加少许辣椒油，味道会更好。

扫一扫看视频

⏱ 5分钟

🧠 增强免疫力

川江鲇鱼

原料： 鲇鱼700克，泡小米椒、灯笼泡椒各30克，蒜苗100克，姜片、葱白各少许

调料： 盐4克，鸡粉3克，生抽、料酒各少许，豆瓣酱15克，生粉、食用油各适量

烹饪小提示

因为蒜苗梗比蒜苗叶更不易炒熟，所以蒜苗梗和蒜苗叶不要同时放锅里炒。

做法

1 泡小米椒切丁；蒜苗洗净，切成2厘米长的段；宰杀处理干净的鲇鱼切成小段。

2 鲇鱼装盘，加入2克盐、2克鸡粉、生抽、料酒、生粉抓匀，腌渍至入味。

3 热锅注油，烧至六成热，倒入鱼块，炸约2分钟，至鱼块两面呈焦黄色，捞出。

4 锅底留油，倒入姜片、葱白，再倒入泡小米椒、灯笼泡椒、蒜苗梗炒匀。

5 加清水，放入豆瓣酱、2克盐、1克鸡粉、生抽拌匀，煮至沸腾。

6 倒入鱼块，煮约半分钟至入味，放蒜苗叶炒至汤汁完全收干，盛出装盘即可。

香辣水煮鱼

⏱ 5分钟　🌿 清热解毒

扫一扫看视频

原料： 净草鱼850克，绿豆芽100克，干辣椒30克，蛋清10克，花椒15克，姜片、蒜末、葱段各少许

调料： 豆瓣酱15克，盐、鸡粉各少许，料酒3毫升，生粉、食用油各适量

做法

1 净草鱼切开取鱼骨，切大块；鱼肉切片，加盐、蛋清、生粉，拌匀腌渍。

2 热锅注油，烧至三四成热，倒入鱼骨，轻轻搅拌匀，用中小火炸约2分钟，捞出。

3 姜蒜、葱段、豆瓣酱、鱼骨、开水、鸡粉、料酒、绿豆芽入油锅煮熟，装汤碗。

4 锅中留汤汁煮沸，放入鱼肉片，拌匀煮熟，盛出时连汤汁一起倒入汤碗中。

5 起油锅，放入干辣椒、花椒拌匀，用中小火炸至散出香辣味，盛汤碗即可。

烹饪小提示

鱼片煮的时间不宜太长，以免丢失鱼肉鲜嫩的口感。

扫一扫看视频

辣炒田螺

🕐 6分钟　☁️ 开胃消食

原料： 田螺1000克，紫苏叶、葱条各25克，干辣椒、生姜、桂皮、花椒、八角各适量

调料： 盐、味精、白酒、蚝油、老抽、生抽、辣椒酱、食用油各适量

做法

1. 洗净的田螺去尾；姜切片；葱切段；紫苏切碎；田螺氽水2分钟，洗净，捞出。

2. 锅注油烧热，放姜片、花椒、桂皮、八角、葱白煸香，放辣椒酱炒匀。

3. 倒入干辣椒拌炒片刻，倒入田螺，加白酒炒匀，加清水煮2分钟。

4. 放紫苏、盐、味精、蚝油、老抽、生抽炒匀，入葱叶拌匀即成。

扫一扫看视频

干锅娃娃菜

🕐 3分钟　☁️ 清热解毒

原料： 娃娃菜500克，干辣椒10克，蒜末少许

调料： 盐、辣椒酱、鸡粉、蚝油、高汤、猪油、辣椒油、食用油各适量

做法

1. 洗净的娃娃菜切长条，入开水锅中加盐、油焯熟。

2. 锅中倒入适量猪油，烧热，倒入干辣椒、蒜末煸香，倒入辣椒酱拌炒匀，倒入高汤烧开，放入娃娃菜，炒匀。

3. 加盐、鸡粉炒匀调味，加蚝油、辣椒油炒匀。

4. 将炒好的娃娃菜夹入干锅，倒入汤汁即成。

PART 04 制作细巧·苏菜

　　先秦时期，吴地已存在记载菜肴的文献，这是苏菜的起源。当时的吴人擅长制炙鱼、蒸鱼和鱼片。一千多年前，鸭就成为金陵的美食。南宋时，苏菜是"南食"的两大台柱之一。苏菜擅长炖、焖、蒸、炒，重视调汤，保持原汁，风味清鲜，浓而不腻，淡而不薄。苏菜制作细巧，酥松脱骨而不失其形，滑嫩爽脆而不失其味。

扫一扫看视频

清炖狮子头

🕐 15分钟　🧠 增强免疫力

原料： 菜心20克，鸡蛋1个，马蹄肉60克，五花肉末200克，葱花、姜末、枸杞各少许

调料： 盐3克，鸡粉2克，生粉、料酒、生抽各适量

做法

1 马蹄肉洗净切片，再切条，改切成碎末。

2 取碗装肉末、姜末、葱花、马蹄肉末、鸡蛋、盐、鸡粉、料酒、生粉拌匀。

3 锅中注清水烧开，把拌匀的材料揉成肉丸，放入锅中，加1克盐、生抽拌匀，煮10分钟。

4 倒入洗净的菜心，拌匀，煮2分钟，捞出装碗，放上枸杞即可。

金陵盐水鸭

⏱ 25分钟　☁ 增强免疫力

原料：净鸭650克，大葱段25克，花椒、八角、葱结、姜片各适量

调料：盐20克，花椒粉适量

做法

1　炒锅置火上烧干，转小火，倒入花椒粉，撒上7克盐，炒香，制成花椒盐，备用。

2　净鸭放在盘中，撒上花椒盐，抹匀全部鸭肉，腌渍入味。

3　锅中注水，入花椒、八角、大葱段、葱结、姜片、13克盐，煮沸后，放入鸭肉。

4　加盖，大火煮沸，再用中火炖约20分钟，捞出，放在凉开水中待凉，盛出即可。

扫一扫看视频

鸭血粉丝汤

🕐 4分钟　　😊 清热解毒

原料： 鸭肝180克，鸭血300克，水发粉丝300克，姜片、葱花各少许

调料： 盐3克，鸡粉2克，芝麻油3毫升，胡椒粉、食用油各适量

做法

1 鸭血洗净，切成厚片，再改切成小块；鸭肝洗净切片。

2 锅中注清水烧开，倒入少许食用油，放入少许姜片，下入切好的鸭血、鸭肝，拌匀。

3 加盖，烧开后转小火煮约2分钟至食材熟软，加入盐、鸡粉、胡椒粉、芝麻油，拌匀。

4 放入粉丝，用锅勺搅拌均匀，转大火煮沸，盛出后撒上葱花即可。

扫一扫看视频

炖菜核

🕐 5分钟　　😊 增强免疫力

原料： 上海青60克，金华火腿、鸡胸肉各70克，竹笋、虾仁各50克，鲜香菇30克，蛋清适量，生姜50克，葱8克

调料： 料酒、淀粉、鸡汤、鸡油、盐、味精、胡椒粉各适量

做法

1 火腿切片；鸡胸肉切片；竹笋切片；香菇切片；虾仁背部切开。

2 鸡汤加盐、味精、胡椒粉搅匀；葱、生姜加料酒挤汁，放入虾仁、鸡胸肉中拌匀，加蛋清、淀粉腌渍。

3 竹笋、香菇焯熟捞出；上海青略炸入煲仔；虾仁、鸡胸肉炸1分钟。

4 香菇、竹笋、火腿、鸡胸肉、虾仁、鸡汤入煲仔煮沸，淋入鸡油即成。

红烧狮子头

⏱ 8分钟　☁ 开胃消食

原料： 上海青80克，马蹄肉60克，鸡蛋1个，五花肉末200克，葱花、姜末各少许

调料： 盐、鸡粉、蚝油、生抽、生粉、水淀粉、料酒、食用油各适量

做法

1 上海青洗净切瓣；马蹄肉洗净切片，再切条，改切成碎末。

3 上海青加盐焯水捞出；锅中注油，把拌匀的材料揉成肉丸，入锅炸4分钟。

烹饪小提示

用水淀粉勾芡，可使汤汁更黏稠，色泽和口感更佳。

2 五花肉末、姜末、葱花、马蹄肉末、鸡蛋、盐、鸡粉、料酒、生粉入碗拌匀。

4 锅底留油，加入清水、盐、鸡粉、蚝油、生抽、肉丸，煮至入味，捞出装碗。

5 锅内倒入水淀粉，拌匀，关火后盛出汁液，倒入碗中即可。

扫一扫看视频

大酱焖蛋

⏱ 10分钟　　🍵 开胃消食

原料： 鸡蛋4个，青椒、红椒各15克，葱花少许

调料： 盐、鸡粉、蚝油、甜面酱、辣椒酱、水淀粉、食用油各适量

做法

1 青椒洗净对半切开，切成丝，再切成粒；红椒洗净切开，切成丝，再切成粒。

2 锅中注油烧热，改用小火，打入鸡蛋，加盐，煎成荷包蛋，剩余的鸡蛋照此煎好。

3 用油起锅，加清水、蚝油、甜面酱、盐、鸡粉、辣椒酱、青椒粒、红椒粒拌匀。

4 淋入水淀粉，用锅勺朝一个方向搅动，调成酱汁，浇在荷包蛋上，撒上葱花即成。

梅菜焖腊鱼

⏱ 3分钟　🍽 开胃消食

 扫一扫看视频

原料： 梅菜100克，腊鱼80克，姜片、葱段、辣椒末各少许
调料： 盐3克，水淀粉10毫升，味精、蚝油、料酒、蒜油、食用油各适量

做法

 1 腊鱼洗净切块；梅菜洗净，切成碎末。

 2 加盐、味精、蚝油，淋入少许料酒，炒匀调味。

 3 起油锅，倒入姜片、辣椒末、葱白爆香，倒入腊鱼，拌均匀，放入梅菜，炒匀。

 4 倒入水淀粉勾芡，撒入葱叶，加少许蒜油，翻炒匀，盛出装盘即成。

扫一扫看视频

扫一扫看视频

鲇鱼焖锅

🕐 9分钟　🍽 开胃消食

原料： 鲇鱼1条，豆腐块80克，辣椒末、姜片、蒜苗段各少许

调料： 盐3克，白糖2克，鸡粉、料酒、胡椒粉、芝麻油、食用油各适量

做法

1　将宰杀处理干净的鲇鱼切成段。

2　用油起锅，倒入鲇鱼，略煎，倒入姜片、辣椒末，炒匀，淋入少许料酒，炒匀，倒入适量清水。

3　放入豆腐块，拌匀，加入盐、白糖、鸡粉，拌匀调味，盖上盖，焖煮约5分钟。

4　揭盖，撒入蒜苗梗，拌匀，加少许胡椒粉、芝麻油，拌炒匀，撒入蒜苗叶，拌匀，将材料转至干锅即成。

灌蟹鱼圆

🕐 18分钟　🍽 防癌抗癌

原料： 青鱼肉300克，肥膘肉80克，金华火腿35克，油菜、水发木耳、冬笋各100克，蟹黄35克，蛋清、葱花各少许

调料： 盐、味精、鸡粉、胡椒粉、鸡汤、葱姜酒汁、食用油各适量

做法

1　冬笋、木耳、火腿均洗净切片；青鱼肉、肥膘肉均切碎，混匀剁末。

2　鱼肉末加盐、味精、胡椒粉、蛋清、葱姜酒汁搅匀，捏肉丸，手蘸蛋清，将蟹黄揉入肉丸里制成鱼圆后浸泡。

3　油菜心、冬笋、木耳、火腿均焯熟。

4　锅中倒入鸡汤烧开，放盐、味精、鸡粉、胡椒粉、鱼圆、木耳、冬笋、火腿、食用油煮熟，放上油菜，撒上葱花即可。

中庄醉蟹

⏱ 7天　🍃 开胃消食

原料：花蟹2只
调料：米酒1碗，花椒、陈醋、蒜汁各少许，盐适量

做法

1 花椒倒入大碗，加入适量盐，放入处理好的花蟹，倒入米酒。

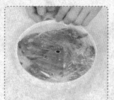

3 用保鲜膜密封，放入3～5℃的冰箱中，腌7天。

2 花蟹腌好取出，将保鲜膜拆去。

4 用筷子夹入盘中，佐以陈醋蒜汁即可。

苏锡
风味

扫一扫看视频

樱桃肉

⏱ 36分钟　🧠 提神健脑

原料： 五花肉600克，油菜200克，甜酒100克，八角、桂皮、蒜末各少许
调料： 料酒、老抽、盐、味精、白糖、食用油各适量

做法

1 五花肉汆水后捞出，抹上老抽。

2 热锅注油烧热，肉皮朝下放入五花肉，炸至金黄色捞出，切"十"字花刀。

3 白糖、桂皮、八角、清水、甜酒、料酒、老抽、盐、味精、五花肉入油锅煮沸。

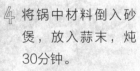

4 将锅中材料倒入砂煲，放入蒜末，炖30分钟。

烹饪小提示

在砂煲中炖五花肉时，中途可用勺子反复往五花肉上浇汁使其更入味。

5 油菜加食用油、盐焯水后捞出，用油菜围边，放入五花肉，浇上汤汁即可。

扫一扫看视频

⏱ 25分钟

🍴 增强免疫力

无锡肉骨头

原料： 排骨500克，姜片15克，葱结、红曲米、八角、桂皮各少许

调料： 料酒4毫升，生抽4毫升，盐、米醋、白糖、食用油各适量

烹饪小提示

腌好的排骨入油锅炸制的时间不能太久，否则口感欠佳，以小火炸至锁住水分即可。

做法

1 排骨洗净斩成小块，装入碗中。

2 排骨中加入少许盐、米醋、白糖，再倒入料酒、生抽，抓匀，腌渍至入味。

3 热锅注油，烧至五成热，放入排骨，炸约2分钟至表面呈金黄色，捞出。

4 锅底留油，放入姜片、葱结、八角、桂皮爆香，加入少许清水，然后倒入排骨。

5 再加入红曲米，拌匀煮沸，加入盐、白糖，炒匀，加盖，焖煮20分钟至熟透。

6 揭开盖，调成大火，翻炒至汤汁收浓，出锅盛入盘中即成。

太湖银鱼羹

🕐 3分钟　🍴 提神健脑

原料： 鲜香菇30克，银鱼50克，蛋清适量，香菜末、姜丝各少许
调料： 盐、鸡精、味精、料酒、猪骨汁、水淀粉、芝麻油、食用油各适量

做法

1 香菇洗净去蒂，切成细丝。

2 锅中注水，加盐、鸡精、食用油，拌匀煮沸，再放入香菇，焯煮至熟，捞出待用。

3 炒锅置火上，加油烧热，放入姜丝，煸炒香，再放入银鱼，淋入少许料酒，炒匀。

4 注清水，倒入香菇、盐、味精、鸡精、猪骨汁，拌匀入味，煮沸后倒入水淀粉。

5 再倒入蛋清，拌匀，淋入少许芝麻油增色，撒上香菜末，拌匀，装盘即成。

烹饪小提示

将芝麻油加热后再淋入锅中炒匀，菜的香味会更浓，色泽也会更鲜丽。

扫一扫看视频

扫一扫看视频

松鼠鳜鱼

⏱ 6分钟　💪 增强免疫力

原料： 鳜鱼550克，青豆25克，松仁5克，柠檬汁30毫升，生姜10克，葱7克
调料： 料酒、盐、番茄酱、白醋、淀粉、吉士粉、水淀粉、食用油各适量

做法

1. 鳜鱼切去鱼头，去脊骨、腩骨，两片鱼肉相连于鱼尾处，切上花刀。
2. 鳜鱼肉加盐、料酒、生姜、葱腌渍入味后裹上淀粉、吉士粉。
3. 青豆焯熟捞出；松仁略炸后捞出；鱼头略炸，鱼尾、鱼身炸2分钟捞出。
4. 起油锅，倒入番茄酱、白醋、清水、青豆、水淀粉、熟油、柠檬汁制成稠汁，把稠汁淋在鳜鱼上，再撒上松仁即成。

清蒸大闸蟹

⏱ 10分钟　💪 增强免疫力

原料： 大闸蟹1只，葱10克，生姜15克
调料： 红醋少许

做法

1. 葱洗净，切去尾叶；生姜去皮，洗净切丝。
2. 生姜、葱条放盘底，放入洗净的大闸蟹，整盘移至蒸锅。
3. 加盖大火蒸7分钟，蒸熟后揭开锅盖，取出蒸熟的大闸蟹。
4. 挑去生姜、葱，姜丝加红醋制成蘸料，以蘸料佐食即可。

扫一扫看视频

平菇炒荷兰豆

🕐 3分钟　　🍲 降低血压

原料： 平菇100克，荷兰豆100克，彩椒35克，熟白芝麻、蒜末各少许

调料： 盐3克，鸡粉2克，白糖6克，蚝油6克，水淀粉4毫升，食用油适量

做法

1. 彩椒洗净切小块；平菇洗净撕小块。
2. 锅中注清水烧开，加入1克盐、2克白糖、食用油，搅匀，放入平菇，煮半分钟，倒入洗好的荷兰豆，煮沸，放入彩椒块，略煮片刻，捞出。
3. 用油起锅，放入蒜末，爆香，倒入焯好的食材，翻炒匀。
4. 加入2克盐、鸡粉、4克白糖、蚝油，炒匀调味，淋入水淀粉，快速翻炒均匀，盛出撒上白芝麻即可。

扫一扫看视频

八宝南瓜

🕐 24分钟　　🍲 增强免疫力

原料： 蜜枣7克，红枣10克，熟莲子50克，白果30克，红豆50克，鲜百合20克，葡萄干30克，糯米粥80克，南瓜盅1个

调料： 白糖30克

做法

1. 用牙签将莲子心挑去；南瓜盅入蒸锅，加盖，大火蒸约10分钟，取出。
2. 锅中注清水，倒入蜜枣、红枣，焖煮约3分钟，加入莲子、白果、红豆、葡萄干、百合。
3. 拌匀，煮约4分钟，倒入白糖、糯米粥，拌匀煮沸，制成八宝粥。
4. 将八宝粥盛入南瓜盅，盖上盅盖，放入蒸锅，加盖，用大火蒸约5分钟，取出即成。

慈姑炒藕片

🕐 3分钟　🍃 降低血压

原料： 慈姑130克，莲藕180克，彩椒50克，蒜末、葱段各少许
调料： 蚝油10克，鸡粉2克，盐2克，水淀粉5毫升，食用油适量

做法

1 慈姑洗净去蒂，切片；彩椒洗净，切成小块；莲藕洗净去皮，切成片。

2 锅中水烧开，放1克盐、1克鸡粉、油、莲藕、慈姑、彩椒拌匀，煮1分钟捞出。

3 用油起锅，加蒜末、葱段爆香，倒入莲藕、慈姑、彩椒、蚝油、1克鸡粉、1克盐炒匀。

4 淋入水淀粉，快速翻炒均匀，关火后盛出即可。

四喜丸子

⏱ 20分钟　☁ 益气补血

原料： 猪瘦肉750克，马蹄50克，鸡蛋1个，上海青150克，葱白、生姜、香菜各少许
调料： 盐4克，生抽4毫升，生粉、味精、鸡粉、白糖、老抽、食用油各适量

做法

1 马蹄去皮切碎；生姜、香菜、葱白切末；上海青对半切开；鸡蛋打散备用。

2 猪肉末加2克盐、味精、鸡粉、生抽、鸡蛋液、生姜末、葱末、马蹄末、生粉。

3 上海青焯水捞出；锅中注油烧热，用小勺将肉末舀成肉丸，炸约2分钟捞出备用。

4 锅中留油，倒清水、2克盐、白糖、老抽、肉丸煮沸，盛出装碗。

5 碗入蒸锅，蒸约15分钟，取盘摆上海青、肉丸，淋汤汁，撒上香菜叶即成。

烹饪小提示

在炸肉丸子时应注意火候与油温，采用浸炸的方式，炸的时间也不宜过长。

扫一扫看视频

126分钟

益气补血

霸王别姬

原料： 甲鱼1只，仔鸡1只，鸡胸肉120克，菜心150克，葱条15克，生姜20克，竹笋、水发香菇、金华火腿、鸡汤、葱白各适量

调料： 盐2克，白糖、味精、料酒、水淀粉各适量

烹饪小提示

甲鱼肉有腥味，可将甲鱼胆囊捡出，取出胆汁，加清水涂抹于甲鱼全身，洗净即可。

做法

1 生姜洗净，取部分切菱形片；竹笋洗净切段；水发香菇、金华火腿切片。

2 鸡胸肉洗净切片，加剩余的生姜和葱白剁碎；菜心切开菜梗；仔鸡去爪尖、鸡腚。

3 仔鸡、甲鱼分别汆水；甲鱼去皮膜。

4 鸡肉末用盐、味精、白糖、料酒、水淀粉腌渍后做成鸡肉丸。

5 鸡汤烧热，放入姜片、竹笋、香菇、火腿、葱条、鸡肉丸煮沸，加盐、料酒。

6 仔鸡、甲鱼入汤煲，倒入锅中材料，入蒸锅蒸熟取出，放入焯烫过的菜心即成。

扫一扫看视频

彭城鱼丸

⏱ 5分钟　🧠 提神健脑

原料： 鲤鱼750克，肥肉30克，蛋清适量，水发粉丝7克，上海青10克，水发香菇、火腿片各少许，姜丝12克

调料： 葱姜酒汁、生粉、胡椒粉、盐、料酒、鸡汤、水淀粉、食用油各适量

做法

1　鲤鱼肉去骨、去皮，加肥肉剁成肉馅；香菇洗好切片；泡发好的粉丝剁碎。

2　肉馅加葱姜酒汁、生粉、蛋清、胡椒粉、粉丝碎搅匀上劲，捏成肉丸。

3　鱼头、鱼尾装盘加盐、料酒、姜丝，蒸熟；肉丸入沸水锅，煮熟捞出。

4　热锅注油，下姜丝、鸡汤、香菇、火腿片、肉丸、盐、料酒、上海青煮片刻。

5　加清水、水淀粉勾芡，盛入汤碗中，取出鱼头鱼尾，摆入碗中即成。

烹饪小提示

制成的肉丸可先放入清水中浸泡，这样可以避免相互粘黏。

PART 05 原料广博·粤菜

广东一带在古时被称作南蛮之地，地广人稀。其后中原人来到南方，将中原文化带入此地，与当地融合。一百多年前，处于沿海地区的广东受到鸦片战争、西人入侵带来的新的文化冲击，粤菜兼容并蓄，借此焕发了新的生机，与时俱进，更为广博。民国时期，粤菜发展成熟，成为今天广式饮食的基础。

雷州狗肉煲

🕐 72分钟　　🐾 降低血压

原料： 狗肉450克，胡萝卜100克，蒜苗30克，生姜、大蒜各适量

调料： 花椒5克，甜面酱10克，盐3克，白糖5克，蚝油10克，料酒6毫升，糖色、食用油各适量

做法

1　生姜去皮切片；大蒜去皮切末；净狗肉切小块；胡萝卜去皮切块；蒜苗洗净切段。

2　炒锅置火上烧热，倒入狗肉块，用中火翻炒一会儿，去除多余水分，装碗待用。

3　用油起锅，撒上蒜末、姜片、花椒爆香，加入甜面酱和狗肉块，翻炒匀。

4　加入糖色、料酒、清水、盐、白糖、蚝油炒匀，煮至沸腾，取来砂煲，盛入材料。

烹饪小提示

狗肉有较重的腥味，烹饪前要用适量白酒腌渍一会儿，这样能改善狗肉的口感。

5　加盖，转小火炖煮约1小时，倒入胡萝卜块，加盖煮熟，放上蒜苗段即可。

扫一扫看视频

⏱ 45分钟

🫘 增强免疫力

招财猪手

原料： 猪蹄1000克，上海青100克，八角、桂皮、红曲米、葱条、姜片、香菜各少许

调料： 盐5克，鸡粉3克，白糖20克，老抽5毫升，生抽10毫升，料酒20毫升，水淀粉、食用油各适量

烹饪小提示

焯煮上海青时可以加入少许鸡粉，来减轻菜根的涩味，改善口感。

做法

1 上海青修齐，对半切开；猪蹄块加5毫升料酒，煮1分钟，去除血渍杂质，捞出。

2 另起锅，注水烧开，加食用油、2克盐、上海青，煮1分钟，至其熟软后捞出。

3 用油起锅，入姜片、葱条、白糖，白糖溶化后倒入猪蹄块、八角、桂皮、红曲米。

4 炒匀后淋入15毫升料酒，转小火，倒入老抽、生抽、3克盐、鸡粉、清水，拌匀。

5 加盖，烧开后用小火焖煮40分钟，揭盖，大火收汁，用水淀粉勾芡。

6 关火后装碗，取一盘，将装有猪蹄的碗倒扣其中，上海青围边，放上香菜即成。

扫一扫看视频

咕噜肉

🕐 4分钟　　🐷 益气补血

原料： 菠萝肉150克，五花肉200克，鸡蛋1个，青椒15克，红椒15克，葱白少许

调料： 盐、生粉各3克，白糖12克，番茄酱20克，白醋10毫升，食用油适量

做法

1 红椒、青椒去子切片；菠萝肉切块；五花肉洗净切块；鸡蛋去蛋清，蛋黄盛碗。

2 五花肉氽煮至转色，捞出，加6克白糖、盐、蛋黄，拌匀，加生粉裹匀，装盘待用。

3 热锅注油，烧至六成熟，放入五花肉，翻动几下，炸约2分钟至熟透，捞出。

4 用油起锅，入葱白爆香，入青椒片、红椒片、菠萝炒匀，加入6克白糖炒至溶化。

5 再加入番茄酱、五花肉炒匀，加入白醋，拌炒匀至入味，盛出装盘即可。

烹饪小提示

倒入炸好的五花肉拌炒时要快速，以免肉的酥脆感消失。

扫一扫看视频

扫一扫看视频

广东肉

🕐 3分钟　🥗 增强免疫力力

原料： 五花肉500克，大葱15克，姜片少许

调料： 五香粉5克，盐3克，料酒8毫升，生抽5毫升，生粉8克，脆炸粉10克，食用油适量

做法

1. 洗净的五花肉切成厚片；洗好的大葱切成均匀的小段。

2. 五花肉加料酒、生抽、盐、姜片、葱段、五香粉，搅拌匀腌渍。

3. 在生粉中加入脆炸粉，注清水搅匀。

4. 热锅中注油烧热，将五花肉裹上调好的生粉，放入锅中，搅匀，炸至金黄色，关火后将五花肉捞出，沥干油，装入盘中即可。

水晶鸡

🕐 27分钟　🥗 增强免疫力

原料： 光鸡1只，党参5克，枸杞2克，花生油少许

调料： 盐、鸡粉各适量

做法

1. 鸡粉加少许盐拌匀。

2. 整鸡内外用调好的鸡粉抹匀，再抹上花生油。

3. 放上枸杞、党参，蒸锅加清水烧开，放入整鸡。

4. 用大火蒸25分钟至熟，取出蒸熟的整鸡，淋入原汤汁即成。

扫一扫看视频

湛江白切鸡

🕐 30分钟　🥘 益气补血

原料: 湛江鸡1500克,沙姜20克,生姜片10克,葱5克
调料: 盐、鸡粉、白糖、味精、香油、料酒、花生油各适量

做法

1. 光鸡洗净,切下鸡爪,去爪尖,加清水、生姜片、葱、料酒、鸡粉、盐、味精入锅煮熟。

2. 沙姜切末,加鸡粉、白糖、盐、味精、香油拌匀。

3. 锅中倒入少许花生油,烧至六七成热,用锅勺将热油淋入沙姜末中,制成蘸料。

4. 熟鸡抹香油,斩块,与蘸料一同上桌即可。

扫一扫看视频

酸梅蒸烧鸭

🕐 17分钟　🥘 开胃消食

原料: 烧鸭300克,酸梅酱50克,蒜末8克
调料: 盐2克,鸡粉2克,白糖3克

做法

1. 烧鸭斩成块,将斩好的烧鸭块摆在盘中,待用。

2. 取空碗,倒入酸梅酱,放入蒜末,加入盐、白糖、鸡粉。

3. 搅拌均匀成酱料,将酱料均匀地倒在烧鸭块上。

4. 取出已烧开水的电蒸锅,放入烧鸭块,盖上盖,调好时间旋钮,蒸15分钟,盛出即可。

佛山柱侯酱鸭

🕐 20分钟　　🍲 增强免疫力

扫一扫看视频

原料： 净鸭肉1500克，柱侯酱20克，姜片、蒜头各10克，葱结少许
调料： 料酒5毫升，老抽5毫升，盐、白糖、生抽、食用油各适量

做法

1 把鸭肉放入盘中，加入适量盐、白糖、生抽，倒入料酒，抓匀，腌渍片刻。

2 锅中倒入半锅油，烧至六成热，放入鸭肉，炸至表面金黄色，捞出沥干备用。

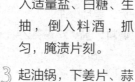

3 起油锅，下姜片、蒜头、葱结、柱侯酱、清水、白糖、盐、老抽、生抽炒匀调味。

4 放入鸭肉，加盖，用中火焖煮18分钟，转大火收干汤汁，拣出姜片、蒜头、葱结。

5 盛放好鸭肉，凉凉，把鸭肉斩件，放在盘中摆整齐，淋上原汤汁即成。

烹饪小提示

此菜起锅时，加入少许醋和香菜，会让此菜更美味。

扫一扫看视频

⏱ 57分钟

🫁 养心润肺

雪梨无花果鹧鸪汤

原料： 雪梨1个，净鹧鸪200克，无花果20克，姜片少许

调料： 盐、鸡粉各2克，料酒4毫升

烹饪小提示

洗净的无花果拍裂后再使用，这样可以使煮出的汤汁更有营养。

做法

1 雪梨洗净去皮，对半切开，切成小瓣，去果核，将果肉切小块；净鹧鸪斩小块。

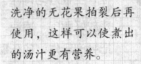

2 锅中注清水烧开，倒入鹧鸪块，搅匀，汆一会儿，去除血渍后捞出，沥干待用。

3 砂锅中注清水烧开，放入洗净的无花果、姜片、汆过水的鹧鸪块，淋入料酒提味。

4 盖上盖，烧开后用小火炖煮约40分钟，至食材熟软，揭开盖，倒入雪梨块。

5 再盖上盖子，续煮约15分钟，至全部食材熟透，取下盖子，加入盐、鸡粉。

6 搅匀调味，略煮片刻，至汤汁入味，关火后盛出煮好的汤，装碗即成。

扫一扫看视频

脆皮乳鸽

🕐 160分钟　　🍃 益气补血

原料： 净乳鸽1只，草果、八角、桂皮、香叶、生姜片、葱结各少许

调料： 盐、味精、料酒、红醋、麦芽糖、生粉、食用油各适量

做法

1. 锅中加清水、草果、八角、桂皮、香叶，焖20分钟，加入葱结、生姜片、盐、味精、料酒煮沸，制成白卤水。

2. 将净乳鸽放入卤水锅中，加盖浸煮15分钟至熟且入味，取出。

3. 用适量红醋、麦芽糖、生粉调成原糊，乳鸽入锅，用原糊浇透，捞出用竹签穿挂好，风干2小时。

4. 热锅注油烧热，放入乳鸽，淋油约1分钟呈棕红色，表皮酥脆即可捞出。

扫一扫看视频

XO酱爆生鱼片

🕐 3分钟　　🍃 益气补血

原料： 生鱼1000克，XO酱10克，芹菜段、葱段、姜片、蒜末、红椒丝各少许

调料： 白糖3克，料酒5毫升，盐、味精、水淀粉、食用油各适量

做法

1. 生鱼剔骨去皮，斜刀切片，鱼片加少许盐、味精、水淀粉、油，腌渍。

2. 热锅注油，烧至四成热，倒入腌好的鱼片，滑油片刻至断生，捞出备用。

3. 炒锅注油烧热，倒入XO酱、葱段、姜片、蒜末、红椒丝、生鱼片、芹菜段，炒匀。

4. 转小火，加少许味精、盐、白糖、料酒、水淀粉勾芡，翻炒材料至熟，盛出即可。

扫一扫看视频

煎酿三宝

⏱ 10分钟　　😊 降压降糖

原料： 苦瓜150克，茄子100克，青椒80克，肉末100克，蒜末、葱花各少许
调料： 盐5克，水淀粉10毫升，鸡粉3克，老抽3毫升，味精1克，白糖2克，生抽、生粉、料酒、食用碱、芝麻油、蚝油、食用油各适量

做法

1 洗净材料，茄子去皮，切双飞片，苦瓜切棋子状去瓤，青椒切片。

2 肉末加鸡粉、盐、生抽、生粉、芝麻油拌匀；水锅加食用碱，将苦瓜焯熟捞出。

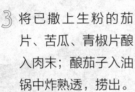

3 将已撒上生粉的茄片、苦瓜、青椒片酿入肉末；酿茄子入油锅中炸熟透，捞出。

4 酿青椒入油锅炸熟透捞出；酿苦瓜煎至两面金黄，放入蒜末、清水、料酒煮沸。

5 加鸡粉、老抽、蚝油、茄子、青椒、3克盐、味精、白糖装盘，原汁加水淀粉、熟油盛出，撒葱花。

烹饪小提示

焯苦瓜时加盐可以使其颜色保持鲜绿，焯好后快速过凉水可以稳定苦瓜的绿色。

蒸肠粉 ⏱ 13分钟 🍚 开胃消食

扫一扫看视频

原料： 生菜30克，肠粉300克，肉末120克

调料： 盐、鸡粉、白胡椒粉各1克，料酒3毫升，生抽、芝麻油各5毫升

做法

1 肉末中加入盐、鸡粉、料酒、白胡椒粉，拌匀，腌渍片刻至入味。

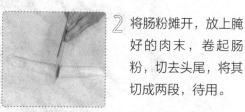

2 将肠粉摊开，放上腌好的肉末，卷起肠粉，切去头尾，将其切成两段，待用。

3 蒸锅中注清水烧开，放上肠粉，大火蒸10分钟；碗中加入生抽、芝麻油拌匀，制成酱汁。

4 取出肠粉，将其切成数段，取盘，放上洗净的生菜和切好的肠粉，淋上酱汁即可。

卤水拼盘

⏱ 68分钟 ☁ 益气补血

原料： 鸭肉500克，猪耳、猪肚各400克，老豆腐380克，牛肉350克，鸭胗300克，熟鸡蛋（去壳）180克，姜片30克，葱条20克，香叶、草果、沙姜、芫荽子、红曲米、花椒、八角、桂皮各少许

调料： 鸡粉15克，白糖30克，老抽、生抽、盐、料酒、油各适量

做法

1 水锅烧热，放入洗净的牛肉、鸭胗、猪耳、猪肚、鸭肉、料酒，汆约1分钟。

3 锅中注清水烧开，放入香料袋、盐、鸡粉、白糖、生抽、老抽、姜片、葱条、鸭肉、猪耳、猪肚、牛肉、鸭胗。

2 老豆腐入油锅炸至金黄色，捞出；将香料装入隔渣袋。

4 加盖，烧开后转小火卤约20分钟，关火静置30分钟，倒入熟鸡蛋和炸过的豆腐。

5 加盖，用小火再卤约15分钟，捞出待凉，将食材切片，摆盘，浇上少许卤汁即成。

烹饪小提示

炸豆腐时最好选用小火，这样豆腐的口感才不会太老了。

扫一扫看视频

6分钟

瘦身排毒

潮州粉果

原料： 澄面、肉末各100克，沙葛150克，韭菜80克，海米20克，水发香菇、熟花生米各30克

调料： 猪油5克，盐4克，生粉60克，料酒、生抽、芝麻油各2毫升，鸡粉、白糖各2克，水淀粉、食用油各适量

烹饪小提示

蒸粉果的时间不宜过长，以免蒸裂。

做法

1　沙葛洗净去皮，切粒；韭菜、香菇洗净切粒；香菇、沙葛、海米焯煮至八成熟。

2　炒锅中加肉末、料酒、生抽、盐、鸡粉、糖、沙葛、香菇、海米和水炒匀。

3　倒入水淀粉、芝麻油炒匀，装碗，加入熟花生米、韭菜拌匀，做成粉果馅料。

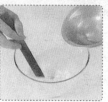

4　生粉加澄面、2克盐、清水、开水、猪油拌匀，揉搓成面团。

5　用保鲜膜、干毛巾将面团包好，取面团，揉长条，切成小剂子，压扁擀成面皮。

6　面皮加馅料，收口捏紧，蒸笼中放入包底纸、粉果生坯，蒸3分钟即可。

扫一扫看视频

扫一扫看视频

清蒸鲫鱼

🕐 7分钟　🍲 增强免疫力

原料： 鲫鱼400克，葱丝、红椒丝、姜丝、姜片、葱条各少许

调料： 盐3克，蒸鱼豉油、胡椒粉、食用油各适量

做法

1 将洗净的葱条垫于盘底，放上宰杀洗净的鲫鱼，铺上姜片，再撒上盐，腌渍片刻。

2 将盘放入蒸锅，盖上盖子，用中火蒸5分钟至鲫鱼熟透。

3 取出鲫鱼，拣去姜片和葱条，再放上姜丝、葱丝、红椒丝，撒上胡椒粉，浇上热油。

4 另起锅，倒入蒸鱼豉油烧热，淋入盘中即成。

蒜蓉粉丝蒸扇贝

🕐 7分钟　🍲 增强免疫力

原料： 扇贝300克，水发粉丝100克，蒜蓉30克，葱花少许

调料： 盐、鸡粉、生抽、食用油各适量

做法

1 粉丝洗净，切段；扇贝洗净，对半切开，将切开的扇贝清洗干净，装盘。

2 起油锅，倒入蒜蓉，炸至金黄色后盛入碗中备用。

3 扇贝上撒粉丝，蒜蓉加盐、鸡粉，拌匀，将调好味的蒜蓉浇在扇贝、粉丝上，放入蒸锅。

4 加盖，中火蒸约5分钟至扇贝、粉丝熟透，取出，撒入葱花，淋入生抽，浇上热油即成。

海鲜砂锅粥

⏱ 20分钟　🥘 保肝护肾

扫一扫看视频

原料： 花蟹80克，蛤蜊50克，基围虾60克，鱿鱼50克，大米200克，姜丝、葱花各少许

调料： 料酒、盐、味精、鸡粉、芝麻酱、食用油各适量

做法

1 处理干净原料；鱿鱼、花蟹、虾加料酒、盐、味精、鸡粉腌渍入味。

2 取砂煲，加水烧开，加入大米、食用油拌匀，加盖，慢火煮15分钟，煮成粥。

3 揭开锅盖，放入姜丝，再倒入洗净的蛤蜊、基围虾、花蟹、鱿鱼，用锅勺拌匀。

4 加盖，煮2～3分钟至熟透，加盐、味精、鸡粉、芝麻酱调味，撒入葱花即可。

榄菜炒四季豆

⏱ 3分钟　🧠 提神健脑

原料： 四季豆350克，榄菜70克，朝天椒、蒜末、葱末各适量
调料： 盐2克，味精、料酒、食用油各适量

做法

1 四季豆洗净，切成小段；朝天椒洗净，切成小段。

2 炒锅注油，烧至六成热，倒入四季豆，炸至深绿色，捞出。

3 炒锅注油烧热，倒入朝天椒、蒜末、葱末爆香，放入四季豆、榄菜，翻炒均匀。

4 加盐、味精、料酒调味，翻炒至入味，盛出摆盘即可。

东江菜

扫一扫看视频

🕐 132分钟

🍲 开胃消食

梅菜扣肉

原料： 五花肉450克，梅干菜250克，南腐乳15克，蒜末、葱末、姜末各10克，八角末、五香粉各少许

调料： 盐3克，白糖、味精、老抽、白酒、糖色、水淀粉、食用油各适量

> **烹饪小提示**
>
> 切五花肉时，要将其切成厚度相同的薄肉片，这样蒸出来的肉口感更加鲜嫩。

做法

1 五花肉汆片刻后捞出，用竹签在肉皮上扎孔，抹上糖色；梅干菜洗净切末。

2 五花肉入油锅略炸捞出，加水浸泡；蒜末、梅干菜入油锅，加盐、白糖炒匀。

3 五花肉切片；葱末、姜末、八角末、五香粉、南腐乳入锅，炒香。

4 入五花肉、白糖、味精、老抽、白酒、清水煮沸，五花肉、梅干菜装碗，淋汤汁。

5 将碗放入蒸锅，加盖，蒸约2小时，揭开盖，端出五花肉，倒扣在盘中。

6 锅中注油、南乳汤汁、老抽、水淀粉拌成稠汁，浇在五花肉上即成。

扫一扫看视频

客家酿苦瓜

⏱ 10分钟　🍲 降压降糖

原料： 苦瓜400克，肉末100克，姜末、蒜末、葱花各少许

调料： 盐3克，水淀粉10毫升，鸡精3克，白糖3克，蚝油3克，老抽3毫升，生抽3毫升，胡椒粉、生粉、食粉、料酒、食用油、芝麻油各适量

做法

1 苦瓜切段；肉末加1毫升生抽、1克盐、胡椒粉、生粉、芝麻油腌渍。

2 清水烧开，加食粉、苦瓜，煮2分钟；苦瓜内壁抹上生粉，填入肉末。

3 用油起锅，放入酿好的苦瓜，煎约半分钟翻面，继续煎约1分钟至微焦黄，捞出。

4 姜末、蒜末、料酒、清水、蚝油、老抽、生抽、盐、鸡精、白糖入油锅煮沸。

5 入苦瓜焖5分钟盛出；原汤汁加水淀粉调成浓汁浇在酿苦瓜上，撒上葱花即可。

烹饪小提示

苦瓜焯水时，要用旺火，以保持鲜嫩翠绿的颜色。

客家茄子煲

⏱ 4分钟　🍲 防癌抗癌

原料： 肉末100克，茄子300克，红椒末、蒜末、葱白、葱花各少许
调料： 盐、生抽、老抽、料酒、蚝油、鸡粉、白糖、水淀粉、食用油各适量

做法

1 茄子去皮洗净，切条，放入清水中浸泡片刻，茄子入油锅炸至金黄色，捞出。

2 锅留底油，倒入肉末爆香，加生抽、老抽、料酒炒至熟。

3 倒入蒜末、红椒末、葱白、清水、蚝油、盐、鸡粉、白糖、茄子、老抽焖煮片刻。

4 用水淀粉勾芡，炒匀，盛入煲仔，用大火烧开，煮至入味，撒入葱花即可。

扫一扫看视频

东江盐焗鸡

⏱ 25分钟　🍲 益气补血

原料： 净鸡肉1200克，葱段、姜片、八角各少许
调料： 盐焗鸡粉、盐、味精、鸡精、粗盐、芝麻油、食用油各适量

做法

1 在鸡翅下切开一个小口，去爪尖；盐焗鸡粉加盐、味精、鸡精拌匀，制成鸡粉。

2 鸡腹内塞姜片、鸡粉、八角、葱段，弯曲鸡爪塞入腹内，撒上鸡粉，抹匀腌渍。

3 纱纸放上鸡包紧实，做成鸡肉包，取一张纱纸淋芝麻油抹匀，覆在其上，扎严。

4 热油锅加粗盐炒匀，取部分入砂锅，放入鸡肉包摆好，盛入余下粗盐，铺平压实。

烹饪小提示

将砂锅置于火上时，忌急火猛烧，以免砂锅炸裂，以中小火最好。

5 砂锅上火，加盖，盐焗20分钟至鸡肉熟透，取出鸡肉即成。

扫一扫看视频

奇味鸡煲

🕐 8分钟　🍲 增强免疫力

原料： 鸡肉块500克，洋葱50克，土豆70克，青椒、红椒各15克，青蒜苗段20克，蒜末、姜片、葱白各少许

调料： 盐、味精、料酒、鸡粉、生抽、老抽、生粉、南乳、芝麻酱、海鲜酱、柱侯酱、辣椒酱、水淀粉、五香粉、食用油各适量

做法

1. 鸡块加盐、味精、料酒、生抽、生粉腌渍。

2. 鸡块入油锅滑油至断生。

3. 锅底留油，下姜片、蒜末、葱白、洋葱、青红椒、土豆、辣椒酱、柱侯酱、南乳、芝麻酱、海鲜酱炒匀炒香，放入鸡块炒1分钟，将食材盛入砂煲。

4. 加料酒、老抽、盐、味精、鸡粉、清水、五香粉、水淀粉，砂煲煲开，撒青蒜苗段。

扫一扫看视频

咸鱼干炖粉条

🕐 4分钟　🍲 开胃消食

原料： 水发红薯粉条180克，红椒15克，咸鱼干60克，姜片、蒜末、葱段各少许

调料： 老抽2毫升，鸡粉2克，胡椒粉1克，蚝油8克，水淀粉4毫升，食用油适量

做法

1. 红椒洗净切开，去子切丁；红薯粉条切段；咸鱼干去骨，把鱼肉切成条，改切丁。

2. 用油起锅，倒入咸鱼干，炒出焦香味，放入姜片、蒜末、红椒，炒匀，倒入少许清水。

3. 加入老抽、鸡粉、胡椒粉，制成味汁，下入红薯粉条，拌炒均匀，倒入适量清水。

4. 炒匀后用中火煮2分钟，放入蚝油，倒入水淀粉勾芡，放入葱段，炒匀，盛出即可。

客家酿豆腐

扫一扫看视频

⏱ 5分钟　☁ 清热解毒

原料： 豆腐500克，五花肉100克，水发香菇20克，葱白、葱花各少许

调料： 盐6克，水淀粉10毫升，鸡粉3克，蚝油3克，生抽3毫升，生粉、胡椒粉、食用油、芝麻油各适量

做法

1. 豆腐洗净，切长方形块；香菇、葱白、五花肉洗净剁末。

2. 用勺在豆腐上挖出小孔，撒2克盐。

3. 肉末加2克盐、生抽、鸡粉、葱末、香菇、生粉、芝麻油拌成馅，填入豆腐中。

4. 油锅中入豆腐煎至金黄，加水、鸡粉、盐、2毫升生抽、蚝油、胡椒粉盛出。

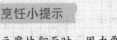

5. 原汁倒入水淀粉、熟油拌匀，淋在豆腐块上，撒上葱花即可。

烹饪小提示

豆腐块翻面时，用力要适度，以免弄碎；煎豆腐时，火候不可太大，以免烧焦。

PART 06 刀工精细·浙菜

　　浙菜源于新石器时代的河姆渡文化。南北朝以后，江南百年免于战乱，使浙菜得到了长足的发展。南宋建都杭州之时，浙菜已在"南食"中占主要地位。据当时的《梦梁录》记载，浙菜已发展出280多种菜肴，拥有15种以上的烹饪技术。浙菜刀工精细，小巧精致，令人赏心悦目。

扫一扫看视频

🕐 37分钟

增强免疫力

东坡肉

原料： 五花肉1000克，大葱30克，生菜叶20克

调料： 盐2克，冰糖、红糖、老抽、食用油各适量

烹饪小提示

切五花肉时，将其切成厚度一致的肉块，吃起来口感更佳。

做法

1 五花肉汆片刻，捞出抹上老抽。

2 热锅注油，烧至五成热，放入五花肉，盖上锅盖，炸好捞出。

3 五花肉修齐切块；大葱洗净切段。

4 锅底留油，加冰糖、清水、红糖、老抽、葱段，煮约1分钟。

5 加盐、肉块，加盖，小火焖约30分钟，揭盖，烧煮约4分钟，拌炒收汁。

6 将洗净的生菜叶垫于盘底，将肉夹入，浇上汤汁即成。

糖醋里脊 ⏱3分钟 🍖开胃消食

原料： 里脊肉100克，青椒20克，红椒10克，鸡蛋黄2个，番茄汁30毫升，蒜末、葱段各少许

调料： 盐3克，味精3克，白糖3克，生粉6克，白醋3毫升，酸梅酱、料酒、水淀粉、食用油各适量

做法

1 食材处理干净切好；瘦肉加盐、味精、料酒、蛋黄、生粉拌匀，分成块撒生粉。

2 番茄汁加白醋、白糖、1克盐、酸梅酱拌匀备用。

3 热锅注油，烧至五成热，倒入肉丁，炸约1分钟，捞出。

4 锅中放蒜末、葱段、青椒、红椒、番茄汁、水淀粉，倒入肉丁、熟油炒匀即可。

金城宝塔

⏱ 138分钟　🍲 提神健脑

原料： 西蓝花300克，芽菜60克，熟五花肉300克
调料： 盐、蚝油、老抽、糖色、水淀粉、高汤、食用油各适量

做法

 **1** 西蓝花洗净切朵；五花肉加高汤煮沸，捞出，抹上老抽。

 **2** 热锅注油，烧至六成热，放入五花肉，肉皮朝下，加盖炸1分钟至金黄色，捞出。

 **3** 高汤烧开，加盐、老抽、五花肉，加盖煮10分钟，取出。

 **4** 将五花肉修方形，切滚刀片，卷入芽菜，加入少许汤汁，入蒸锅蒸120分钟取出。

 **5** 西蓝花加油、盐焯水；油锅加高汤、盐、蚝油、老抽、糖色、水淀粉浇肉上。

烹饪小提示

修好成形的肉放入蒸锅蒸的时间应足够长，这样口感才好。

扫一扫看视频

⏱ 10分钟

🥣 补铁

西湖牛肉羹

原料： 牛肉80克，豆腐100克，水发香菇50克，胡萝卜70克，西芹40克，蛋清、姜片、香菜各适量

调料： 盐、鸡粉各2克，水淀粉2毫升，料酒5毫升，食用油适量

烹饪小提示

待牛肉煮沸后，可撇去浮沫，这样不会影响汤羹的口感。

做法

1 西芹切片；豆腐切小方块；香菇洗净切片；胡萝卜切片；牛肉洗净剁碎。

2 用油起锅，倒入牛肉，翻炒1分钟至变色，盛出炒好的牛肉，装盘待用。

3 另起锅，倒入适量食用油烧热，放入姜片爆香，放入料酒、清水、豆腐、香菇、胡萝卜、西芹炒匀。

4 放入炒好的牛肉，拌匀，煮5分钟，放入盐、鸡粉拌匀。

5 倒入水淀粉，炒至食材入味，放入蛋清，快速搅匀。

6 关火后盛出，装碗，撒入香菜，待稍微放凉即可食用。

扫一扫看视频

扫一扫看视频

西湖醋鱼

🕐 13分钟　🍲 增强免疫力

原料： 草鱼1条，青椒末、红椒末各10克，蒜末、姜末、葱花各少许

调料： 盐、陈醋、白糖、水淀粉、生粉、食用油各适量

做法

1. 将净草鱼的鱼头切下，在鱼身剖上花刀，鱼肉加盐拌匀，撒入生粉裹匀。

2. 倒半锅油，烧至六成热，放入鱼头，炸约2分钟，放入鱼身炸3~4分钟至熟，捞出。

3. 锅留底油，倒入少许清水，倒入陈醋、白糖调匀煮沸，放入青红椒末及蒜末、姜末。

4. 加盐、水淀粉拌匀调成芡汁，将芡汁浇在鱼肉上，撒入葱花即成。

油焖春笋

🕐 5分钟　🍲 开胃消食

原料： 春笋350克，青蒜苗段120克，红椒片少许

调料： 盐3克，味精、白糖、蚝油、水淀粉、食用油各适量

做法

1. 春笋去皮洗净，切块。

2. 锅中注入清水，烧开后加入盐、味精，倒入春笋，煮沸后捞出。

3. 锅注油烧热，倒入青蒜苗段、红椒片略炒，再倒入春笋炒匀。

4. 加入盐、味精、白糖、蚝油炒匀，焖煮片刻，倒入水淀粉、熟油炒匀，盛入盘内即成。

拔丝蜜橘

⏱ 4分钟　🍲 美容养颜

扫一扫看视频

原料： 蜜橘200克，鸡蛋1个，白芝麻少许
调料： 白糖15克，生粉5克，食用油适量

做法

1　蜜橘洗净去皮，掰瓣；鸡蛋打入碗中；蜜橘装入碗中，加入蛋黄、生粉拌匀。

2　热锅注油烧至五成热，放入蜜橘，炸1分钟捞出。

3　另起锅，注入少许油烧热，倒入白糖、少许清水。

4　改小火，顺一个方向拌2分钟，倒入蜜橘，炒1分钟盛出。

5　撒上白芝麻，用筷子夹起蜜橘，拔出糖丝即可。

烹饪小提示

熬糖浆时，要注意把握时间和火候，以防烧焦。

扫一扫看视频

⏱ 34分钟

🫐 开胃消食

冰糖糯米藕

原料： 莲藕450克，糯米150克，冰糖100克，麦芽糖50克，樱桃少许

调料： 食用油适量

烹饪小提示

挑选藕的时候看里面的藕洞是否干净，而且表皮不要太白，太白有可能是用药水浸泡过的。

做法

1 莲藕洗净切开；将泡好的糯米塞入莲藕的孔中。

2 再用切下的盖子盖上，插入牙签固定。

3 热锅注油烧至四成热，放入莲藕，滑油片刻后捞出备用。

4 锅留底油，倒入清水，放入冰糖、麦芽糖煮沸，放入莲藕，加盖煮30分钟至熟。

5 揭盖，捞出莲藕，拔去牙签后切片，在盘中码好。

6 浇上锅中余下的糖汁，饰以樱桃即成。

豆腐蒸黄鱼

🕐 10分钟　☁️ 增强免疫力

扫一扫看视频

原料： 豆腐500克，净黄鱼400克，红椒丝、青椒丝、姜丝各10克，葱花少许
调料： 盐、鸡粉、蒸鱼豉油、食用油各适量

做法

1 豆腐洗净切成长方块，撒上一层盐，备用；净黄鱼对半切开，再切成块。

2 把盘放入蒸锅，中火蒸约8分钟，取出。

3 鱼块加盐、鸡粉，腌渍入味，将黄鱼放在豆腐块上，撒上青椒丝、红椒丝和姜丝。

4 撒上葱花，淋上热油，加入少许蒸鱼豉油，即成。

扫一扫看视频

雪菜大汤黄鱼

⏱ 12分钟　🥘 增强免疫力

原料： 黄鱼450克，雪菜150克，冬笋片50克，胡萝卜片25克，姜片、葱段各适量

调料： 盐3克，味精2克，白糖4克，料酒6毫升，胡椒粉、食用油各适量

做法

1 将黄鱼处理干净，打上一字花刀。

2 锅中注油烧热，放入黄鱼，煎至鱼身呈金黄色，放入姜片、葱白，煎出香味。

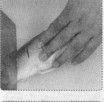
3 倒入适量清水，加盖大火烧开，转小火煮8分钟，放入冬笋片、胡萝卜片、雪菜。

4 调入盐、味精、白糖、料酒，稍稍搅匀，撒入胡椒粉、葱叶，盛出即可。

醉虾

⏱ 12分钟　🍚 开胃消食

扫一扫看视频

原料： 河虾200克，腐乳汁30克，姜片、葱段各适量
调料： 盐2克，生抽、白醋各5毫升，料酒50毫升，芝麻油少许

做法

1 玻璃饭盒中倒入洗净的河虾，放入姜片和葱段。

3 加入腐乳汁，倒入料酒，放入生抽。

2 加入白醋，放入盐，加入芝麻油，将河虾拌均匀。

4 加盖，浸泡10分钟至河虾"喝醉"且入味，最后装盘即可。

干菜焖肉

扫一扫看视频

🕐 20分钟　🍖 益气补血

原料： 五花肉250克，泡发梅干菜200克，蒜末、葱白各少许
调料： 盐3克，白糖4克，鸡粉、老抽、料酒、水淀粉、食用油各适量

做法

1　泡发梅干菜洗净切段，装碗备用；五花肉洗净切片，装碗。

2　锅中注清水烧开，倒入梅干菜，焯烫约1分钟，将煮好的梅干菜捞出备用。

3　另起锅，注油烧热，倒入五花肉，炒约1分钟，加入白糖、老抽、料酒，炒匀。

4　放入蒜末、葱白，拌炒匀，倒入适量清水，放入梅干菜、盐、鸡粉，拌炒匀。

5　加盖，慢火焖约15分钟至肉块熟软，加入少许水淀粉，用锅铲炒匀，盛出即可。

烹饪小提示

梅干菜要清洗干净，切得越细越好；如果想要肉更酥烂些，焖的时间可以久一点。

扫一扫看视频

⏱ 3分钟

💪 开胃消食

芦笋甜椒鸡片

原料： 芦笋200克，彩椒45克，胡萝卜30克，鸡胸肉180克，姜片、葱段各少许

调料： 盐、鸡粉各少许，米酒5毫升，水淀粉15毫升，黑芝麻油15毫升，食用油适量

烹饪小提示

彩椒口感清脆，切丝时可以适当切厚一些，以免用大火炒制时使其变得绵软。

做法

1. 芦笋去皮洗净切段；彩椒洗净切丝；胡萝卜去皮洗净切条；鸡胸肉洗净切片。

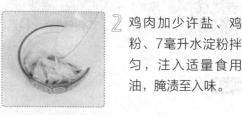

2. 鸡肉加少许盐、鸡粉、7毫升水淀粉拌匀，注入适量食用油，腌渍至入味。

3. 胡萝卜加盐、油氽煮半分钟，芦笋段、彩椒丝焯煮1分钟至断生，捞出。

4. 烧热炒锅，注入黑芝麻油，下姜片、葱段爆香，放入肉片，翻炒至肉片变色。

5. 淋入米酒，炒香、炒透，倒入焯好的食材，快速翻炒至食材熟透。

6. 转小火，加盐、鸡粉，炒至入味，淋入8毫升水淀粉勾芡，关火后盛出即成。

温州酱鸭舌

⏱ 23分钟　🍲 美容养颜

原料： 鸭舌120克，香葱1把，蒜头2个，冰糖30克，姜片少许

调料： 盐、鸡粉各1克，料酒、老抽各5毫升，食用油适量

做法

1　沸水锅中倒入洗好的鸭舌，氽一会儿至去除腥味及脏污，捞出待用。

2　热锅注油，倒入香葱、姜片、蒜头，爆香，倒入鸭舌，加入老抽、料酒。

3　注入适量清水，加入冰糖、盐、鸡粉，搅拌均匀。

4　加盖，用大火煮开后转小火焖20分钟至入味，揭盖，关火后盛出即可。

三丝敲鱼

🕐 3分钟　🍽 增强免疫力

原料： 净草鱼1200克，净上海青50克，熟鸡胸肉30克，水发香菇、熟火腿各适量，姜丝少许

调料： 料酒5毫升，盐5克，味精3克，胡椒粉、芝麻油、生粉各适量

做法

1. 从净草鱼的鱼尾处取下鱼肉，去鱼皮，切片，鱼片裹匀生粉，轻轻拍打紧实，切丝。
2. 熟鸡胸肉、熟火腿均切丝；香菇切成细丝。
3. 锅中水烧热，入姜丝，大火煮沸，入鱼肉丝、鸡肉丝、香菇丝、火腿丝，加料酒、盐、味精调味。
4. 放入上海青，煮至断生，放入胡椒粉、芝麻油，拌匀至入味，盛出即可。

爆墨鱼卷

🕐 4分钟　🍽 美容养颜

原料： 净墨鱼350克，姜15克，红椒15克，青椒15克，葱、大蒜各少许

调料： 盐、味精、料酒、水淀粉、芝麻油、食用油各适量

做法

1. 净墨鱼取鱼肉，切长方块；生姜、大蒜、青椒、红椒、葱切末。
2. 墨鱼块加盐、味精氽至断生捞出；墨鱼卷入油锅略炸捞出。
3. 锅留底油，入姜末、蒜末煸香，倒入墨鱼卷翻炒1分钟，加适量料酒、盐、味精调味。
4. 加少许水淀粉勾芡，淋入芝麻油，倒入葱末、红椒末、青椒末炒匀即成。

扫一扫看视频

清汤蟹圆

⏱ 4分钟　🍲 益气补血

原料： 蟹肉30克，虾仁80克，蛋清、姜片、葱花、香菜叶各少许
调料： 盐4克，味精1克，鸡粉2克，料酒、生粉、食用油各适量

做法

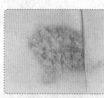

1 洗净的虾仁挑去虾线，将虾仁拍碎，剁成虾泥。

加2克盐、味精搅匀，加蛋清顺一个方向搅拌，加蟹肉、生粉拌匀制成肉泥。

3 锅中注清水烧开，将肉泥挤成肉丸，入热水，大火烧开，煮约2分钟，捞出。

4 起油锅，倒入姜片煸香，淋入料酒、清水烧开，加鸡粉、2克盐，搅拌均匀。

烹饪小提示

可以在汤中加少许紫苏叶，以减少蟹肉的寒性。

5 倒入肉丸煮至熟透，将煮好的肉丸盛入碗中，撒上葱花、香菜叶即可。

PART 07 口味清鲜·闽菜

　　闽菜起源于闽国，由河南王审知建于晚唐五代。自福建成为了对外贸易的桥梁，闽菜也随着繁华的港口而繁荣发展起来。宋元时期的海上之路，明朝时期的郑和下西洋，起点都在福建，因此福建也吸收了许多外来元素，如沙茶、芥末、咖喱等。闽菜以烹制山珍海味而著称，尤以"香""味"见长，甜而不腻，淡而不薄，口味清鲜。

扫一扫看视频

闽醉排骨

⏱ 5分钟　　🍲 益气补血

原料：排骨700克，蒜末少许

调料：盐3克，白糖2克，味精、生抽、黄酒、嫩肉粉、面粉、生粉、番茄酱、辣椒酱、咖喱膏、芥末、芝麻酱、水淀粉、食用油各适量

做法

1 排骨洗净分条，斩成4厘米长的段。

2 排骨装碗，加盐、味精、白糖、生抽、黄酒、嫩肉粉、生粉、面粉拌匀，腌渍。

3 热锅注油，烧至六成热，将排骨放入油锅，炸2~3分钟至熟透，捞出备用。

4 起油锅，加入蒜末、清水、番茄酱、辣椒酱、咖喱膏、芥末、芝麻酱，拌匀煮沸。

烹饪小提示

腌渍排骨时，如果加入适量白酒，能更好地去腥，还可以保持原味。

5 加水淀粉勾芡，调成浓汁，倒入排骨，拌炒至入味，将排骨夹出装盘即成。

扫一扫看视频

5分30秒

清热解毒

茄汁猪排

原料：猪里脊肉120克，西蓝花80克，西红柿40克，芥蓝梗35克

调料：盐2克，鸡粉2克，白糖4克，生粉10克，番茄酱30克，食用油适量

烹饪小提示

绞肉时只需将肉丁搅打至有黏性即可，不可过碎，以免影响口感。

做法

1 洗净去皮的西红柿剁成粒；洗净的西蓝花切朵；洗净的里脊肉切丁。

2 用榨汁机将肉丁绞至颗粒状，加1克盐、鸡粉，搅拌，再撒上生粉，拌匀上浆。

3 锅中注水烧开，加食用油，放芥蓝梗煮至断生，捞出；西蓝花拌煮约1分钟捞出。

4 烧热油锅，取肉粒分成肉饼，放入锅中，用小火煎至两面熟透，关火盛出待用。

5 锅底留油，倒入西红柿、清水、番茄酱、白糖、1克盐，拌匀，用大火略煮片刻。

6 下入肉饼，快速翻炒，关火待用，西蓝花摆盘，放上猪肉排、芥蓝梗，浇上稠汁即成。

福建荔枝肉

🕐 12分钟　🍴 开胃消食

原料： 马蹄肉100克，瘦肉200克，葱7克，大蒜3克

调料： 红糖汁、番茄汁、蛋清、盐、生粉、白醋、水淀粉、食用油各适量

扫一扫看视频

做法

1. 瘦肉洗净，切方片，打上网格花刀；马蹄肉切块；大蒜、葱切末；瘦肉片汆片刻捞出。

2. 马蹄和肉片加红糖汁、盐、蛋清、生粉拌匀，肉片制成荔枝状用牙签固定，裹生粉。

3. 马蹄入油锅略炸捞出，肉拍上干生粉入油锅中炸2分钟成荔枝肉，抽去牙签。

4. 葱末、蒜末煸香，加白醋、红糖汁、番茄汁、水淀粉调汁，加马蹄和荔枝肉拌炒匀。

三色蛋

🕐 17分钟　🍴 增强免疫力

原料： 熟咸蛋1个，熟皮蛋1个，鸡蛋2个

调料： 盐2克，鸡粉2克，食用油少许

做法

1. 咸蛋去壳切碎；皮蛋去壳切碎，备用。

2. 鸡蛋敲开，将蛋清与蛋黄分别装碗，蛋黄加1克盐、1克鸡粉、清水调匀，蛋清加1克盐、1克鸡粉搅拌均匀。

3. 取一个汤碗，将油均匀地涂抹在碗中，碗中铺皮蛋，再铺咸蛋，再铺皮蛋，倒入蛋清、蛋黄。

4. 将汤碗放入烧开的蒸锅中，加盖，转小火蒸15分钟，取出放凉，切成厚块即可。

扫一扫看视频

🕐 7分钟

🏋 开胃消食

菊花鲈鱼

原料： 鲈鱼500克，芥菜叶30克，菊花少许

调料： 盐、鸡粉、料酒、吉士粉、生粉、白糖、白醋、番茄酱、水淀粉、食用油各适量

烹饪小提示

可加入少许柠檬汁，不仅会增加维生素C，还可以增加菜品的清香，起到去腥提鲜的作用。

做法

1 净鲈鱼上切取两块鱼肉，除骨，切片，再切上直刀，形成菊花形状，冲水去血污。

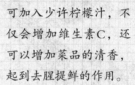

2 鱼片加盐、鸡粉、料酒、吉士粉拌匀挂浆，腌渍，用生粉裹匀表面，上浆备用。

3 锅中注清水烧热，注油，放入洗净的芥菜叶，焯烫至熟捞出。

4 锅中倒油，烧至六七成热，放入鱼片炸熟，捞出沥油，摆在芥菜叶上。

5 油锅烧热，倒入适量清水，加入白糖、白醋、番茄酱，拌匀。

6 淋入水淀粉，搅拌匀，制成稠汁，盛出稠汁，浇在盘中，撒上葱花即成。

扫一扫看视频

🕐 5分钟

保肝护肾

吉利虾

原料：对虾300克，面包糠50克，大蒜、生姜各10克，鸡蛋2个，葱段5克，红辣椒1个，骨头汤、面粉各适量，胡萝卜、竹笋、大葱、香菇、洋葱各少许

调料：蚝油3克，盐、味精、料酒、白糖、老抽、芝麻油、白醋、陈醋、胡椒粉、水淀粉、食用油各适量

烹饪小提示

虾背上的沙线要剔除；炸虾肉的时候先用旺火热油，然后转中火，翻匀炸透，外脆里嫩。

做法

1 对虾去壳洗净，从背部切开，剔除虾线，打上花刀。

2 洋葱、红辣椒、竹笋、胡萝卜、大葱、香菇洗净切丝；大蒜洗净切末。

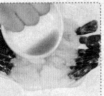
3 葱段、生姜、料酒入碗挤汁，将汁倒在虾肉上，再加盐、味精、白糖，腌渍。

4 将鸡蛋打入碗中，搅散，虾肉裹面粉、蛋液和面包糠。

5 骨头汤加盐、味精、白糖、老抽、芝麻油、胡椒粉、水淀粉、蚝油、陈醋、白醋制成芡汁。

6 虾肉入油锅炸至金黄色，摆盘；起油锅，下蒜末、切好的材料、芡汁煮热盛出。

扫一扫看视频

扳指干贝

⏱ 20分钟　🍲 降低血脂

原料： 水发干贝80克，白萝卜200克，西蓝花150克，姜片10克，葱条7克

调料： 盐、味精、料酒、水淀粉、胡椒粉、大豆油、食用油各适量

做法

1. 西蓝花洗净切瓣；白萝卜去皮洗净，切厚段，去掉萝卜心，呈"扳指"形。

2. 每个"扳指"均填入水发干贝1粒，摆盘，放入葱条、姜片。

3. 将"扳指干贝"放入蒸锅，淋入料酒，加盖蒸15分钟至熟；西蓝花加盐、大豆油焯熟。

4. 将原汁倒入锅中，加盐、味精、水淀粉、熟油、胡椒粉，调成稠糊，浇在干贝上即可。

扫一扫看视频

上汤西洋菜

⏱ 4分钟　🍲 提神健脑

原料： 西洋菜150克，大蒜10克，枸杞3克，上汤适量

调料： 鸡精、盐、味精、食用油各适量

做法

1. 热锅注油，放入大蒜炸香，捞出。

2. 锅底留油，倒入清水、鸡精、盐、味精、西洋菜，焯煮半分钟，捞出。

3. 热锅注油，倒入上汤，加入适量盐，再加入适量的鸡精、味精搅匀。

4. 倒入大蒜、枸杞，煮沸制成汤汁，将汤汁浇在西洋菜上即可。

金针白玉汤

⏱ 3分钟　🍵 开胃消食

原料: 豆腐150克,大白菜120克,水发黄花菜100克,金针菇80克,葱花少许

调料: 盐3克,料酒3毫升,鸡粉、食用油各适量

做法

1. 金针菇洗净,切去老根;大白菜洗净切丝;豆腐洗净切块;黄花菜洗净去蒂。
2. 锅中注清水烧开,放入1克盐、豆腐块、黄花菜,搅匀,煮约1分钟,捞出待用。
3. 用油起锅,倒入白菜丝、金针菇、料酒,翻炒一会儿至白菜析出汁水,注入清水。
4. 加盖煮至沸腾,倒入焯煮过的食材、2克盐、鸡粉,拌匀略煮,撒上葱花即成。

扫一扫看视频

西瓜翠衣冬瓜汤

⏱ 31分钟　🍵 开胃消食

原料: 西瓜200克,冬瓜175克

调料: 盐、鸡粉各1克

做法

1. 洗净的冬瓜切长方块;洗净的西瓜切小瓣,去子,再切小块,备用。
2. 砂锅中注入适量清水,用大火烧开,倒入切好的西瓜、冬瓜,拌匀。
3. 盖上盖,烧开后用小火煮约30分钟。
4. 揭盖,加入盐、鸡粉,拌匀调味,关火后盛出煮好的汤即可。

扫一扫看视频

扫一扫看视频

12分钟

增强免疫力

东壁龙珠

原料： 虾仁50克，五花肉100克，鸡蛋60克，水发香菇10克，姜、葱、芥蓝叶各少许，桂圆200克，面包糠150克，面粉适量

调料： 盐3克，味精、鸡粉各少许，白糖4克，料酒5毫升，生粉、食用油各适量

烹饪小提示

炸桂圆时，油温不宜过高，以免将材料炸老了，影响口感。

做法

1 洗净的虾仁剁泥；洗净的五花肉混虾泥，剁肉泥。

2 葱、姜、香菇切末，和肉泥装碟，加1克盐、味精、白糖。

3 取鸡蛋打开淋上蛋清，加料酒、生粉拌至起胶，制成馅料，用中火蒸8分钟。

4 桂圆洗净去皮和果核，嵌入馅料包好，滚上面粉、蛋黄液、面包糠，制成生坯。

5 锅注油烧热，倒入龙珠生坯中小火炸约2分钟盛出。

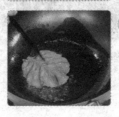

6 锅注清水烧开，加2克盐、鸡粉略煮，放芥蓝叶煮半分钟，铺盘，放上龙珠即成。

扫一扫看视频

沙茶牛肉

⏱ 4分钟　　🍖 保肝护肾

原料： 牛肉450克，洋葱50克，青椒、红椒、蒜末、青椒末、红椒末各少许

调料： 沙茶酱25克，盐、白糖、味精、蚝油、食粉、生抽、水淀粉、食用油各适量

做法

1　青椒、红椒洗净切片；洋葱洗净切片；牛肉洗净切片。

2　牛肉片加食粉、生抽、盐、味精、水淀粉拌匀，再注入少许食用油，腌渍。

3　热锅注油，烧至四成热，放入牛肉，滑油片刻，捞出备用。

4　蒜末、青椒末、红椒末爆香，入青椒片、红椒片、洋葱片、牛肉、沙茶酱炒匀。

5　加盐、白糖、味精、蚝油调味，翻炒至熟透，用水淀粉勾芡，炒匀，盛出即成。

烹饪小提示

牛肉片腌渍时要充分拌匀，这样炒制出来的牛肉才嫩滑。

清炖全鸡

⏱ 125分钟　🍽 开胃消食

原料：鸡肉2000克，水发香菇40克，水发木耳30克，香菜、姜片各适量

调料：盐3克，鸡粉4克，胡椒粉3克，料酒8毫升

做法

1. 净全鸡剪去趾甲，将鸡脚塞入鸡肚中，再将鸡翅膀塞到鸡脖子下面，盘好。
2. 鸡放碗中，加入清水、姜片、香菇、木耳、盐、料酒、胡椒粉、鸡粉，用保鲜膜封住。
3. 取蒸笼屉，放入鸡，将笼屉安放在已烧开的电蒸锅上，加盖，蒸2小时至食材熟透。
4. 揭开盖，将鸡取出，撕去保鲜膜，放上备好的香菜，即可食用。

姜母鸭

⏱ 13分30秒　🍽 养心润肺

原料：鸭肉500克，生姜60克，葱段、蒜末各少许

调料：盐3克，鸡粉2克，白糖3克，料酒5毫升，生抽4毫升，水淀粉4毫升，米酒30毫升，食用油适量

做法

1. 生姜去皮洗净，切薄片；鸭肉洗净，切小块，鸭块加料酒氽煮，去除腥味，捞出。
2. 用油起锅，爆香生姜片，倒入鸭块、生抽，炒匀炒香，倒入米酒、盐、鸡粉、白糖。
3. 注入适量清水，搅拌，加盖，用小火煮约10分钟，揭盖转大火收汁，撒上蒜末，炒匀。
4. 续煮片刻至汤汁收浓，倒入水淀粉，撒上葱段，翻炒至断生，关火后盛出菜肴即成。

沙茶焖鸭块

🕐 25分钟　　☁ 益气补血

原料： 鸭肉350克，土豆150克，西蓝花50克，生姜15克，葱、红椒各10克，水发香菇少许

调料： 沙茶酱12克，盐3克，味精2克，蚝油5克，老抽3毫升，料酒10毫升，白糖、糖色、食用油各适量

做法

1 鸭肉切块；土豆洗净去皮，制6个丸子；生姜、香菇、红椒洗净切片；净葱切段。

2 鸭块加糖色、老抽、5毫升料酒，腌渍。

3 鸭块入油锅略炸捞出；倒土豆丸略炸捞出；西蓝花加1克盐、白糖、油焯水。

4 起油锅，入姜片、葱白炒香，放香菇、沙茶酱、鸭块、料酒、清水焖煮20分钟。

5 加2克盐、味精、白糖、蚝油、土豆丸、葱叶、红椒片炒匀盛出，摆上西蓝花。

烹饪小提示

制作土豆丸子时最好保持大小均匀、一致，这样菜肴才更美观。

扫一扫看视频

双菇争艳

⏱ 3分钟　🫘 降低血脂

原料： 杏鲍菇180克，鲜香菇100克，去皮胡萝卜80克，黄瓜70克，蒜末、姜片各少许

调料： 盐2克，水淀粉5毫升，食用油少许

做法

1. 黄瓜、胡萝卜洗净斜刀切段，切薄片；香菇洗净去蒂，切片；杏鲍菇洗净切段，切片。

2. 杏鲍菇、胡萝卜、香菇入水汆煮至断生。

3. 用油起锅，加姜片、蒜末爆香，倒入汆煮好的食材，加入黄瓜，炒约2分钟至熟。

4. 加入盐，炒匀，用水淀粉勾芡，至食材入味，关火后盛出即可。

扫一扫看视频

沙茶墨鱼片

⏱ 3分钟　🫘 益气补血

原料： 墨鱼150克，彩椒60克，姜片、蒜末、葱段各少许

调料： 盐、鸡粉、料酒、水淀粉、沙茶酱、食用油各适量

做法

1. 彩椒洗净切成小块；净墨鱼切片，墨鱼片加鸡粉、盐、料酒、水淀粉，拌匀。

2. 锅中注清水烧开，放入墨鱼片，汆煮半分钟，至其变色，捞出，沥干备用。

3. 用油起锅，下姜片、蒜末、葱段爆香，倒入彩椒、墨鱼片、料酒，炒匀。

4. 倒入沙茶酱、盐、鸡粉炒匀，翻炒至入味，倒入适量水淀粉，快速炒匀，盛出即可。

扫一扫看视频

草菇烩芦笋

🕐 3分钟　　🍽 开胃消食

原料：芦笋170克，草菇85克，胡萝卜片、姜片、蒜末、葱白各少许
调料：盐2克，鸡粉2克，蚝油4克，料酒3毫升，水淀粉、食用油各适量

做法

1 草菇洗净，切成小块；芦笋洗净去皮，切段。

2 草菇、芦笋段加1克盐、食用油焯煮至断生捞出，沥干水分，放在盘中，待用。

3 用油起锅，下胡萝卜片、姜片、蒜末、葱白爆香，加芦笋、草菇、料酒，炒匀。

4 放入蚝油、1克盐、鸡粉，翻炒片刻至食材熟软，倒入水淀粉勾芡，盛出即成。

扫一扫看视频

⏱ 18分钟

🍲 开胃消食

东坡豆腐

原料： 豆腐块160克，芦笋70克，水发香菇20克，彩椒10克，蛋液适量，姜丝少许

调料： 盐、鸡粉各少许，老抽2毫升，生抽5毫升，生粉、食用油各适量

烹饪小提示

制作蛋糊时加入的盐不宜太多，以免腌好的豆腐口感变老。

做法

1 芦笋洗净去皮，切丁；彩椒洗净切丁；香菇洗净切粗丝，再切成丁。

2 把蛋液放入碗中，搅散，加入生粉、盐，拌匀，再放入豆腐块，裹上蛋糊备用。

3 热锅注油，烧至四五成热，倒入豆腐块，拌匀，用小火炸约1分30秒，捞出。

4 用油起锅，下姜丝爆香，放入芦笋丁、彩椒丁、香菇丁，用大火快速炒匀。

5 加入清水、生抽、盐、鸡粉、老抽，拌匀，煮至汤汁沸腾，放入炸好的豆腐块，拌匀。

6 加盖，转小火焖约15分钟，至食材入味，揭盖拌匀，转大火煮至汤汁收浓，盛出即成。

素烧豆腐

🕐 5分钟　　🥘 补钙

原料：豆腐100克，西红柿60克，青豆55克
调料：盐3克，生抽3毫升，老抽2毫升，水淀粉、食用油各适量

做法

1. 豆腐洗净，切成小方块；西红柿洗净切片，再切成小丁块。

2. 青豆加盐焯煮3分钟，捞出；豆腐块焯煮1分钟，捞出。

3. 用油起锅，倒入西红柿丁，翻炒出汁水，加入焯煮过的青豆，翻炒匀。

4. 加入清水、盐、生抽、豆腐块，拌匀，用中火煮至沸腾。

5. 淋上老抽，拌匀上色，转大火收汁，倒入适量水淀粉勾芡，关火后盛出即成。

烹饪小提示

焯煮豆腐时，搅拌的动作要轻一些，以免将豆腐弄碎，影响成品美观。

PART 08 色调浓郁·湘菜

战国末年，《吕氏春秋·木味》篇中有"菜之美者，云梦之芹；鱼之美者，洞庭之鱄"的记载，意思是云梦的芹菜，洞庭湖的鱄鱼，是食物中的美味。南宋后，湘菜逐渐自成体系，闻名于全国。湘菜的基本刀法有16种之多，且刀工精妙，菜肴形美，色调浓郁，以味造形，味形兼备。

扫一扫看视频

毛家红烧肉

🕐 60分钟　　提神健脑

原料： 五花肉750克，西蓝花150克，干辣椒5克，姜片、大蒜、草果、八角、桂皮各适量
调料： 盐5克，味精3克，老抽2毫升，红糖15克，白酒10毫升，白糖10克，豆瓣酱25克，料酒、食用油各适量

做法

1 五花肉入沸水煮15分钟。

2 大蒜切片；西蓝花切朵；五花肉切块修平；西蓝花加油、2克盐焯水后捞出。

3 白糖入油锅炒至熔化，放入八角、桂皮、草果、姜片爆香，倒入蒜片炒匀。

4 放入五花肉炒片刻，加料酒、豆瓣酱、干辣椒、清水、3克盐、味精、老抽。

烹饪小提示

白糖和红糖都不要加太多，以免过甜，掩盖肉本身的鲜味。

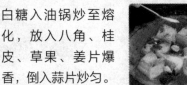

5 倒入红糖，拌匀，淋入白酒焖40分钟，西蓝花和红烧肉摆盘，浇上汤汁即成。

扫一扫看视频

小米椒炒牛肉

🕐 3分钟　🍲 开胃消食

原料: 牛肉200克,朝天椒30克,生姜片、蒜末、葱花各少许

调料: 盐、料酒、芝麻油、味精、辣椒油、蚝油、水淀粉、生粉、辣椒酱、食用油各适量

做法

1　牛肉洗净,切大片,用刀背将牛肉片拍松软,切丁;朝天椒洗净切段。

2　牛肉块加盐、料酒、水淀粉、生粉拌匀,腌渍入味;牛肉块入油锅略炸捞出。

3　锅留底油,用生姜片、蒜末煸炒香,加入辣椒酱、朝天椒段、牛肉块,翻炒至熟透。

4　加盐、味精、蚝油、芝麻油、辣椒油翻炒匀,撒入葱花出锅即成。

扫一扫看视频

剁椒鱼头

🕐 13分钟　🍲 提神健脑

原料: 鲢鱼头450克,剁椒130克,葱花、葱段、蒜末、姜末、姜片各适量

调料: 盐、味精、蒸鱼豉油、料酒、食用油各适量

做法

1　净鱼头切成相连的两半,划上一字刀,用料酒抹匀鱼头,内侧再抹上盐和味精。

2　剁椒、姜末、蒜末加少许盐、味精抓匀,将剁椒铺在两面鱼头上,加葱段、姜片腌渍。

3　蒸锅注清水烧开,放入鱼头,加盖大火蒸约10分钟至熟透。

4　取出鱼头,挑去姜片和葱段,放入蒸鱼豉油、葱花,起锅烧热油,浇在鱼头上即可。

扫一扫看视频

东安仔鸡

🕐 20分钟　　🥩 增强免疫力

原料： 鸡肉400克，红椒35克，辣椒粉15克，花椒8克，姜丝30克
调料： 料酒10毫升，鸡粉4克，盐4克，鸡汤30毫升，米醋25毫升，辣椒油3毫升，花椒油3毫升，食用油适量

做法

1 锅中注清水烧开，放入净鸡肉、料酒、鸡粉、2克盐，焖煮15分钟，捞出。

2 红椒洗净切开，去子切丝；放凉的鸡肉斩成小块，备用。

3 用油起锅，放姜丝、花椒爆香，放入辣椒粉，炒匀，倒入鸡肉块，略炒片刻。

4 加鸡汤、米醋、2克盐、2克鸡粉、辣椒油、花椒油、红椒丝，炒断生即可。

毛家蒸豆腐

⏱ 7分钟　☁ 降低血脂

原料： 豆腐300克，剁椒80克，葱花少许
调料： 鸡粉2克，生粉4克，食用油适量

做法

1　豆腐洗净，用斜刀切块，将切好的豆腐整齐地摆在盘中待用。

2　将剁椒放在小碗中，加入鸡粉、生粉、食用油，拌匀成味汁。

3　取来摆好盘的豆腐，浇上味汁，将豆腐放入热好的蒸锅。

4　加盖，用大火蒸5分钟，取出蒸好的豆腐，加入葱花、熟油即可。

扫一扫看视频

扫一扫看视频

湖南臭豆腐

🕐 7分30秒　😋 开胃消食

原料：臭豆腐300克，泡椒、大蒜、彩椒、葱条、香菜各适量

调料：生抽5毫升，盐、鸡粉各少许，鸡汁5毫升，陈醋10毫升，芝麻油2毫升，食用油适量

做法

1. 香菜、大蒜洗净切末；葱条、彩椒洗净切粒；泡椒剁末，备用。

2. 锅中注油，烧至六成热，放入臭豆腐，炸至臭豆腐膨胀酥脆，捞出。

3. 用油起锅，放入蒜末、葱粒、彩椒粒、剁椒末炒香，加清水、生抽、盐、鸡粉、鸡汁拌匀。

4. 再加入陈醋、芝麻油、香菜末，混合均匀，装碗，用以佐食臭豆腐。

湖南麻辣藕

🕐 3分钟　😋 开胃消食

原料：莲藕300克，花椒3克，姜片、蒜末各少许

调料：盐4克，白醋5毫升，老干妈、剁椒各20克，鸡粉、水淀粉、食用油各适量

做法

1. 莲藕去皮洗净，切片，装入碗中。

2. 锅中注清水烧开，加入白醋、2克盐、莲藕片，汆煮2分钟，捞出。

3. 用油起锅，倒入姜片、蒜末、花椒、莲藕，翻炒片刻，加入老干妈、剁椒。

4. 加2克盐、鸡粉，炒匀调味，加入适量水淀粉，拌炒匀，盛出即可。

湘莲炖菊花

⏱ 36分钟　🍲 养心润肺

扫一扫看视频

原料： 熟莲子50克，菊花4克
调料： 冰糖30克

做法

1 锅中倒入约800毫升清水烧开，放入洗净的菊花，再倒入煮熟的莲子。

2 盖上锅盖，煮沸后转用小火煮约30分钟至香味散出。

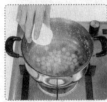

3 揭开盖，撒上冰糖，再盖好盖子，用中火煮约4分钟至冰糖完全溶化。

4 取下盖子，搅拌几下，关火后盛出煮好的甜汤即可。

扫一扫看视频

冰糖湘莲甜汤

⏱ 36分钟　🍲 养心润肺

原料： 莲子150克，枸杞4克
调料： 冰糖20克

做法

1 锅中加入清水，倒入洗净的莲子。

2 加盖，大火烧开，改成小火，煮约30分钟至莲子涨发。

3 揭盖，倒入冰糖，用汤勺不停地搅拌，以免粘锅，煮约2分钟至冰糖完全溶化。

4 倒入洗好的枸杞，煮约2分钟至熟透，最后，将做好的甜汤盛入碗中即可。

扫一扫看视频

6分钟

益气补血

湘味牛肉干锅

原料： 牛肉400克，洋葱90克，蒜苗80克，大白菜100克，红椒40克，姜片、蒜末、葱段各少许

调料： 盐、鸡粉各2克，水淀粉、生抽各8毫升，食粉4克，豆瓣酱10克，料酒10毫升，食用油适量

烹饪小提示

牛肉可先用冷水浸泡两小时，这样既能去除牛肉中的血水，也可去除腥味。

做法

1 大白菜洗净切条；红椒洗净切块；蒜苗洗净切段；洋葱洗净切块；牛肉洗净切片。

2 牛肉加食粉、4毫升生抽、盐、鸡粉、4毫升水淀粉、食用油，腌入味，备用。

3 热锅中注油，烧至四成热，放入牛肉、洋葱，拌匀，捞出。

4 锅底留油，倒入姜片、葱段、蒜末、红椒炒香，放入牛肉，倒入豆瓣酱。

5 加料酒、4毫升生抽、1克盐、1克鸡粉炒匀，放入蒜苗、清水，炒匀，倒入4毫升水淀粉勾芡。

6 将大白菜放入火锅中，盛入炒好的菜肴即可。

扫一扫看视频

扫一扫看视频

米粉蒸肉

21分钟　　开胃消食

原料： 五花肉200克，蒸肉米粉70克，鸡蛋液60克，葱花少许

调料： 老抽3毫升，生抽5毫升，盐2克，鸡粉2克，五香粉2克

做法

1. 处理好的五花肉去皮，切片。
2. 肉片加盐、鸡粉、生抽、老抽、五香粉、鸡蛋液、蒸肉米粉，充分拌匀。
3. 取一个盘，将五花肉整齐地摆放好，电蒸锅注清水烧开，放入五花肉。
4. 盖上锅盖，调转旋钮定时蒸20分钟，揭盖，将肉取出，撒上葱花即可。

湘味火焙鱼

3分钟　　开胃消食

原料： 火焙鱼200克，青椒、红椒各20克，干辣椒3克，姜片、蒜末各少许

调料： 辣椒酱10克，辣椒油10毫升，生抽10毫升，盐2克，白糖2克，料酒、食用油各适量

做法

1. 青椒、红椒洗净切圈，装盘备用。
2. 热锅注油，烧至五成热，倒入火焙鱼，炸约半分钟，捞出。
3. 锅底留油，倒入姜片、蒜末、青椒、红椒、干辣椒炒香，放入火焙鱼。
4. 加入料酒、清水、辣椒酱、辣椒油、生抽、盐、白糖炒匀，大火炒干，盛出即可。

粉蒸鳝片

⏱ 12分钟　🍲 益气补血

扫一扫看视频

原料： 鳝鱼300克，蒸肉米粉50克，米酒50毫升，姜末8克，蒜末8克，葱花4克
调料： 白糖5克，盐2克，辣椒酱12克，生抽8毫升，香醋7毫升，芝麻油适量

做法

1. 处理干净的鳝鱼去头，切片。

2. 鳝鱼片加姜末、蒜末、盐、白糖、生抽、辣椒酱、芝麻油、米酒拌匀腌渍。

3. 往腌渍好的鳝片中倒入蒸肉米粉，拌匀。

4. 取出已烧开水的电蒸锅，放入鳝片，加盖，调好时间旋钮，蒸10分钟至熟。

5. 揭盖，取出蒸好的鳝片，淋入香醋，撒上葱花即可。

烹饪小提示

鳝鱼切好后用厨房纸吸走血水，保持鳝鱼的干爽度。

扫一扫看视频

扫一扫看视频

洞庭金龟

⏱ 125分钟　☁ 益气补血

原料： 乌龟块700克，五花肉块200克，姜片60克，水发香菇50克，葱条40克，香菜25克，干辣椒、桂皮、八角各少许

调料： 盐3克，鸡粉、胡椒粉各少许，生抽6毫升，料酒12毫升，食用油适量

做法

1. 香菇切小块；香菜切末；乌龟汆水。

2. 五花肉入油锅炒至变色，放入姜片、香菇、葱条，炒匀。

3. 倒入干辣椒、桂皮、八角、爆香，放入乌龟块，炒干，加料酒、生抽、清水煮沸。

4. 加盐、鸡粉略煮，装入砂煲中，炖煮2小时，拣去葱条，撒上胡椒粉、香菜末即可。

鱼丸火锅

⏱ 35分钟　☁ 瘦身排毒

原料： 锅底原料：清汤1000毫升，鸡肉块300克，胡萝卜100克，葱花10克，姜片100克；涮煮原料：鱼丸250克，鲜虾250克，冬笋50克，土豆50克，苦菊50克，茼蒿50克，水发木耳50克，菠菜50克

调料： 锅底调料：盐、鸡粉、胡椒粉、食用油各适量

做法

1. 所有食材洗净切好；鸡肉块汆水。

2. 热锅注油烧热，用姜片爆香，倒入鸡肉、清汤、胡萝卜拌匀，加盖煮沸。

3. 放入盐、鸡粉、胡椒粉、葱花，倒入电火锅放土豆、冬笋、鱼丸、木耳。

4. 加盖，高温续煮3分钟，倒入鲜虾、苦菊、茼蒿、菠菜拌匀，煮熟即可。

韭菜炒虾米

⏱ 3分钟　🍲 保肝护肾

扫一扫看视频

原料： 韭菜100克，水发虾米50克，姜片、红椒丝各少许
调料： 盐3克，味精、料酒、食用油各适量

做法

1 韭菜洗净切段。

2 用油起锅，倒入姜片，爆香，倒入虾米，炒匀。

3 淋入少许料酒，炒匀，倒入韭菜。

4 加盐、味精，炒匀调味，撒入红椒丝，炒匀，盛出即成。

豆豉剁辣椒

⏱ 7天（适温6～18℃）　🫘 降低血脂

原料： 红椒100克，豆豉20克，柠檬1个
调料： 盐20克，白糖8克

做法

1 柠檬洗净切开，切成薄片，压挤出柠檬汁；红椒洗净切开，去蒂去子，切粒。

2 将红椒粒倒入碗中，加入柠檬汁、豆豉、盐，拌匀至盐溶化，再倒入白糖。

3 拌约1分钟至白糖溶化，将拌好的食材盛入玻璃罐，倒入碗中的汁液。

4 盖上瓶盖，放在避光阴凉处泡制7天，取出泡好的食材即成。

农家小炒肉 ⏱ 5分钟 🍖 保肝护肾

扫一扫看视频

原料： 五花肉150克，青椒60克，红椒15克，蒜苗10克，豆豉、姜片、蒜末、葱段各少许

调料： 盐3克，味精2克，豆瓣酱、老抽、水淀粉、料酒、食用油各适量

做法

1. 青椒、红椒洗净切圈；蒜苗洗净，切2厘米长的段；五花肉洗净切条，切成片。

2. 起油锅，倒入五花肉、老抽、料酒、豆豉、姜片、蒜末、葱段，炒1分钟。

3. 加入豆瓣酱，炒匀，倒入青椒、红椒、蒜苗，炒匀，加入盐、味精，炒匀调味。

4. 加少许清水，煮约1分钟，加入少许水淀粉，用锅铲拌炒均匀，盛出即成。

扫一扫看视频

腊味合蒸

⏱ 小时17分钟　☁ 开胃消食

原料： 腊鸡肉300克，腊肉、腊鱼肉各250克，生姜片10克，葱白3克，葱花少许
调料： 鸡汤、味精、白糖、料酒各适量

做法

1. 锅中加清水烧开，放入腊肉、腊鱼肉、腊鸡肉，加盖，焖煮15分钟，去除杂质和异味，取出冷却。
2. 将腊肉切片，腊鱼切片，腊鸡切块，装碗。
3. 腊味加入味精、白糖、料酒、鸡汤，撒上姜片和葱白。
4. 腊味转到蒸锅，加盖用中火蒸1小时至熟软，取出，倒扣入盘内，撒上葱花即成。

扫一扫看视频

土匪猪肝

⏱ 4分钟　☁ 益气补血

原料： 猪肝300克，五花肉120克，青蒜苗40克，红椒25克，泡椒、生姜各20克
调料： 盐、味精、蚝油、辣椒油、水淀粉、生粉、葱姜酒汁、食用油各适量

做法

1. 猪肝、生姜、红椒洗净切片；泡椒、青蒜苗切段；五花肉切片。
2. 葱姜酒汁倒猪肝中，加生粉、盐、味精腌渍，入油锅炒断生盛出。
3. 五花肉入油锅翻炒，放姜片、泡椒、红椒炒匀。
4. 放入猪肝，加盐、味精、蚝油、蒜苗梗、水淀粉、辣椒油、蒜苗叶，炒匀即成。

扫一扫看视频

🕐 15分钟

🍴 开胃消食

苗家干锅鸡

原料： 鸡块350克，青椒55克，红椒50克，干辣椒、豆瓣酱各30克，洋葱70克，朝天椒20克，花椒粒、八角各10克，姜片、葱段各少许

调料： 盐2克，鸡粉2克，白糖2克，料酒8毫升，生抽7毫升，老抽3毫升，食用油适量

烹饪小提示

给鸡块氽水时可以加入少许姜片，能更好地去腥提鲜。

做法

1　处理好的洋葱对切开，再切粗丝；朝天椒洗净切段；红椒、青椒洗净去蒂切圈。

2　锅中注水烧开，倒入处理干净的鸡块，氽煮去除血水和杂质，捞出，沥干备用。

3　热锅注油烧热，倒入姜片、葱段、八角、花椒粒、豆瓣酱、干辣椒、朝天椒爆香。

4　倒入鸡块，快速翻炒均匀，淋上料酒、生抽、老抽、清水，翻炒均匀。

5　加盖，煮开后转小火焖10分钟，倒入青椒、红椒、盐、鸡粉、白糖，翻炒。

6　备好干锅，往干锅中淋入食用油，铺上洋葱丝，将炒好的鸡块装入干锅中即可。

湘味腊鱼

⏱ 17分钟　　🍲 开胃消食

原料： 腊鱼500克，朝天椒20克，泡椒20克，姜丝20克
调料： 食用油适量

做法

1　腊鱼洗净斩块；朝天椒切圈；泡椒切碎。

2　锅中加入清水烧开，倒入腊鱼肉，煮沸后捞出。

3　热锅注油，烧至五成热，倒入腊鱼，滑油片刻捞出。

4　腊鱼装入盘中，撒上泡椒、朝天椒、姜丝，转至蒸锅。

烹饪小提示

腊鱼蒸后可直接食用，或和其他干鲜蔬菜同炒，西餐中一般用作多种菜肴的配料。

5　加盖，用中火蒸15分钟，揭盖，取出蒸好的腊鱼，淋入少许熟油即成。

扫一扫看视频

⏱ 4分钟

🖐 美容养颜

响油鳝丝

原料： 鳝鱼肉300克，红椒丝、姜丝、葱花各少许

调料： 盐3克，白糖2克，胡椒粉、鸡粉各少许，蚝油8克，生抽7毫升，料酒10毫升，陈醋15毫升，生粉、食用油各适量

烹饪小提示

鳝鱼切段时最好切上网格花刀，这样食材才更易入味。

做法

1 处理干净的鳝鱼肉切细丝。

2 把鳝鱼丝装入碗中，放1克盐、鸡粉、5毫升料酒拌匀，撒生粉拌匀上浆，腌渍。

3 锅中注入适量清水烧开，倒入鳝鱼丝汆去血渍捞出。

4 热锅注油，烧至四成热，倒入鳝鱼丝搅散，滑油，捞出。

5 锅留底油，撒姜丝爆香，倒鳝鱼丝、料酒、生抽、蚝油、2克盐、白糖、陈醋。

6 炒匀后盛出菜肴，点缀上葱花和红椒丝，撒上胡椒粉、热油，即成。

扫一扫看视频

湘西外婆菜

🕐 3分钟　😋 开胃消食

原料： 外婆菜300克，青椒1个，红椒1个，朝天椒、蒜末各少许

调料： 盐3克，鸡粉3克，食用油适量

做法

1. 朝天椒洗净去蒂，切成圈，装盘。

2. 红椒洗净切去头尾，对半切开，改切为小块；青椒洗净切开，改切成粒。

3. 用油起锅，放入蒜末，炒香，放入朝天椒、青椒、红椒，炒香。

4. 倒入外婆菜，炒匀，放入盐、鸡粉，炒匀，关火后盛出即可。

扫一扫看视频

油辣冬笋尖

🕐 3分钟　😋 开胃消食

原料： 冬笋200克，青椒25克，红椒10克

调料： 盐2克，鸡粉2克，辣椒油6毫升，花椒油5毫升，水淀粉、食用油各适量

做法

1. 冬笋洗净去皮，切成滚刀块；青椒、红椒洗净切开，去子，切小块。

2. 锅中注清水烧开，加入1克盐、1克鸡粉、食用油、冬笋块，煮1分钟，捞出。

3. 用油起锅，倒入冬笋块、辣椒油、花椒油、1克盐、1克鸡粉，炒匀调味。

4. 倒入青椒、红椒，炒至断生，淋入少许水淀粉，炒匀至入味，关火后盛入盘中即可。

PART 09 风格朴实·徽菜

晋宋之时，许多北方大族为避战乱南迁，有一些定居在了安徽歙县。歙县山区，物产丰富。山上有果子狸、麂、斑鸠、野兔、野鸡；水里有鳜鱼、青鱼、虾、鳖；至于山笋，四季不断。古老的北方饮食文化结合皖南山区的富饶物产，以及本地风俗习惯，逐渐形成徽菜"重油、重色、重火功"的古朴风味。

扫一扫看视频

蜜汁排骨

🕐 24分钟　　🍖 增强免疫力

原料： 排骨600克，姜片20克，生粉适量
调料： 盐4克，蜂蜜50克，麦芽糖40克，嫩肉粉、料酒、老抽、食用油各适量

做法

1. 排骨斩段，加嫩肉粉腌渍，入清水洗净，加老抽、2克盐、料酒、生粉腌渍。

2. 起油锅，放入排骨，炸2分钟，捞出。

3. 起油锅，下姜片爆香，注清水烧热，加入蜂蜜、麦芽糖搅匀，倒入排骨。

4. 烧开后盖上锅盖，转小火焖20分钟，揭开锅盖，加老抽、2克盐拌匀。

烹饪小提示

腌渍排骨时，嫩肉粉不可放太多，否则排骨会有苦味。

5. 盖上锅盖，用中火焖煮片刻，揭开锅盖，大火收汁，摆盘，浇上锅中糖汁即成。

鹌鹑蛋烧肉

⏱ 35分钟　🍖 降低血压

扫一扫看视频

原料：熟鹌鹑蛋150克，熟五花肉220克，青椒、红椒各15克，葱白、姜片、蒜末各少许

调料：盐、味精各3克，白糖5克，老抽4毫升，生抽、料酒各5毫升，水淀粉10毫升，食用油适量

做法

1 将熟五花肉切小块；青椒、红椒洗净切块；鹌鹑蛋加2毫升生抽、2毫升老抽拌匀。

2 锅中注油，烧至五成热，倒入鹌鹑蛋，小火炸1分钟至鹌鹑蛋呈虎皮状，捞出。

3 锅底留油，倒入五花肉、2毫升老抽、白糖、料酒、姜片、葱白、蒜末、清水。

4 加入盐、味精，加盖煮约30分钟，倒入鹌鹑蛋、青椒、红椒、水淀粉即成。

腐乳鸡

⏱ 17分钟　　🍲 美容养颜

原料： 鸡肉650克，大蒜20克，葱段、生姜各10克，生粉适量
调料： 盐3克，味精2克，白糖4克，南腐乳、冰糖各30克，鸡精、五香粉、胡椒粉各少许，芝麻酱10克，料酒8毫升，生粉、食用油各适量

做法

1. 大蒜去皮洗净，拍破切末；鸡肉洗净切块；生姜洗净去皮，切片。

2. 鸡块加南腐乳、蒜末、芝麻酱、所有调料，拌匀腌渍。

3. 取一蒸碗，内壁抹油，摆上鸡块，撒上姜片、葱段、冰糖，静置待用。

4. 蒸锅上火烧开，放入蒸碗，加盖，用大火蒸15分钟，取出，拣出姜片和葱段即成。

青豆烧冬瓜鸡丁

⏱ 3分钟　🫘 降低血压

扫一扫看视频

原料： 冬瓜230克，鸡胸肉200克，青豆180克
调料： 盐3克，鸡粉2克，料酒5毫升，水淀粉、食用油各适量

做法

1. 冬瓜洗净去皮，切丁块；鸡胸肉洗净切开，切条，改切丁。

2. 鸡肉丁加入1克盐、1克鸡粉、水淀粉、食用油，腌渍入味。

3. 青豆、冬瓜块加油、1克盐氽煮至断生，沥干待用。

4. 用油起锅，放入鸡肉丁，炒匀至肉质松散，倒入料酒、青豆和冬瓜，炒匀。

烹饪小提示

鸡胸肉的油性比较足，腌渍时注入的食用油不宜太多，以免成菜太油腻。

5. 加入1克鸡粉、1克盐，炒匀调味，再淋入适量水淀粉，翻炒至熟，盛出即成。

茄汁鹌鹑蛋

🕐 3分钟　　🍚 提神健脑

原料： 熟鹌鹑蛋100克，葱花少许
调料： 盐3克，白糖2克，番茄酱30克，生粉、食用油各适量

做法

1 将去壳后的鹌鹑蛋放入碗中，再撒上适量生粉，拌匀备用。

2 起油锅，烧至五六成热，放入鹌鹑蛋，用中火炸至表面呈米黄色，捞出。

3 另起炒锅，注油烧热，倒入清水、番茄酱，拌匀，加入盐、白糖，搅拌成稠汁。

4 再倒入鹌鹑蛋，翻炒至入味，出锅装入盘中，撒入葱花即可。

黄山臭鳜鱼

⏱ 20分钟　🍃 开胃消食

原料： 鳜鱼500克，冬笋片20克，猪肉片40克，姜末、姜片、蒜苗段、葱条各少许

调料： 盐4克，鸡汤、老抽、熟猪油、味精、白糖、生抽、料酒、水淀粉、食用油各少许

做法

1 用姜片、葱条、料酒制成葱姜酒汁。

2 鱼身打花刀，放葱姜酒汁、盐、味精、白糖，覆上保鲜膜腌渍入味。

3 锅中注油烧热，放入鳜鱼，用中火煎至两面金黄色，盛出。

4 姜末、肉片、冬笋片入油锅炒熟，加鸡汤、鳜鱼、生抽、白糖、料酒盛出。

烹饪小提示

在鳜鱼两面切上一字花刀，可以使调料在腌渍过程中能更好地渗入鱼肉中，入味。

5 原锅留汤汁烧热，加蒜苗梗、水淀粉、蒜苗叶、老抽、熟猪油，浇鱼身上即成。

红烧鲫鱼

⏱ 7分钟　🍲 益气补血

扫一扫看视频

原料： 鲫鱼600克，姜丝、干辣椒、蒜末、葱段各少许

调料： 盐4克，白糖2克，生抽10毫升，豆瓣酱20克，水淀粉、老抽、料酒、鸡粉、生粉、食用油各适量

做法

1 净鲫鱼两面划上十字花刀，鲫鱼加2克盐、生粉抹匀，腌渍片刻至其入味。

2 热锅注油，烧至五成热，放入鲫鱼，炸约2分钟至熟，捞出。

3 干辣椒、姜丝、蒜末、葱白、料酒、水、生抽、豆瓣酱、老抽、盐、鸡粉、白糖入油锅煮沸。

4 放入鲫鱼，焖煮3分钟盛出，原汤汁中加入水淀粉成稠汁浇鱼身上，撒葱叶即成。

红烧章鱼

⏱ 3分钟　　☁ 益气补血

扫一扫看视频

原料： 章鱼300克，红椒20克，姜片、蒜末、葱白各少许
调料： 盐、料酒、蚝油、鸡粉、老抽、味精、生粉、食用油各适量

做法

1 红椒洗净，切小块；净章鱼剥外皮，切小块，章鱼块加盐、味精、料酒，腌渍。

2 锅中注清水烧开，倒入章鱼，汆至肉身卷起，捞入碗中，加入老抽、生粉，裹匀。

3 热锅中注油，烧至四成热，放入章鱼，滑油片刻，捞出。

4 锅底留油，用红椒、姜片、蒜末、葱白爆香，倒入章鱼，淋入料酒、清水。

5 加入蚝油、老抽、盐、鸡粉，翻炒至入味，盛出装盘即可。

烹饪小提示

烹饪此菜时，加少许番茄酱或甜面酱，味道会更好。

扫一扫看视频

⏱ 135分钟

🫀 益气补血

清蒸鹰龟

原料： 乌龟700克，猪瘦肉70克，枸杞少许，金华火腿片、葱结、姜片各10克

调料： 冰糖25克，盐4克，味精、黄酒、高汤、猪骨汁各适量

烹饪小提示

将汆煮好的瘦肉和龟肉捞出后，最后用冷开水洗净，可减少营养物质的流失。

做法

1 锅中清水烧开，放入乌龟，煮2~3分钟，捞出，待用。

2 刮去鳞片，剁去脚趾和尾，去除龟壳、内脏，洗净斩块装碗。

3 另起锅，注清水烧热，倒入龟肉、瘦肉，汆去血水，撇去浮沫，捞出洗净。

4 再取一净锅，注入适量高汤，加猪骨汁、盐、味精、黄酒，拌煮至沸，制成汤汁。

5 将龟肉、瘦肉放入炖盅内，放入火腿片、姜片、葱结、冰糖，盖上龟壳，压紧实。

6 放入洗净的枸杞，再倒入汤汁，把炖盅放入蒸锅，加盖，用旺火蒸2小时即可。

朱洪武豆腐　⏱ 5分钟　😋 美容养颜

扫一扫看视频

原料： 老豆腐400克，五花肉150克，虾仁120克，葱条15克，姜、朝天椒、蛋清各适量

调料： 盐3克，味精少许，料酒4毫升，陈醋6毫升，生抽7毫升，生粉、水淀粉、食用油各适量

做法

1 五花肉洗净切成末；虾仁洗净压成虾泥；蛋清加生粉拌至四成发。

2 油锅中放虾泥、肉末炒变色，加料酒、味精、3毫升生抽炒熟，即成肉馅。

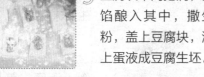
3 豆腐块中间挖洞，肉馅酿入其中，撒生粉，盖上豆腐块，滚上蛋液成豆腐生坯。

4 热锅注油烧热，放入豆腐生坯，炸2分钟捞出。

烹饪小提示

制作馅料时，可以注入少许鸡汤，这样馅料的味道会更鲜美。

5 锅底留油，加葱、姜、朝天椒、清水、盐、味精、陈醋、4毫升生抽、水淀粉，炒香后淋在豆腐上。

153

扫一扫看视频

🕐 12分钟

益气补血

鱼咬羊

原料: 鳜鱼750克,羊肉200克,姜、大葱各20克,八角、枸杞、香菜各少许

调料: 盐、味精、鸡粉、白糖、料酒、老抽、生抽、食用油各适量

烹饪小提示

生羊肉中有很多膜,切羊肉之前应将其剔除,否则炒熟后肉膜变硬,会使羊肉的口感变差。

做法

1 姜切片,大葱切段;羊肉加盐、味精、料酒、生抽腌渍入味,再汆烫片刻。

2 姜片、八角入油锅炒香,放入羊肉、料酒、老抽炒匀。

3 加清水、生抽、料酒、盐、味精、鸡粉和白糖煮熟,装入盘中,留汤底。

4 羊肉塞入鳜鱼肚内,用竹签封好,用盐和生抽抹鱼身。

5 锅中注油烧热,用姜片爆香,放入鳜鱼煎至金黄色。

6 倒入汤底、姜片、葱段、枸杞焖煮5分钟,捞出,再浇上汤汁,放上香菜即成。

黑椒豆腐盒

⏱ 8分钟　　🍲 益气补血

原料： 豆腐300克，鲜香菇55克，洋葱60克，红椒15克，姜末、蒜末、葱花各少许

调料： 盐、鸡粉各少许，黑胡椒粉2克，生抽3毫升，水淀粉、食用油各适量

做法

1 红椒洗净切丁；洋葱洗净切粒；香菇洗净切上花刀；豆腐洗净修齐，切长方块。

2 煎锅置火上，注油，烧至三四成热，放入豆腐，用中小火煎约3分钟，盛出。

3 用油起锅，下姜末、蒜末爆香，倒入洋葱末、清水、香菇，大火煮沸。

4 加入少许盐、鸡粉、生抽，拌匀调味，再放入煎好的豆腐块、黑胡椒粉，拌匀。

5 转中火煮约2分钟，用水淀粉勾芡，转大火收汁，加入葱花、红椒末，盛出即成。

烹饪小提示

煎豆腐时，锅中的食用油可适当多一些，以免将豆腐煎老了。

扫一扫看视频

丝瓜烧豆腐

⏱ 3分钟 🫘 降低血压

原料：豆腐200克，丝瓜130克，蒜末、葱花各少许

调料：盐3克，鸡粉2克，老抽2毫升，生抽5毫升，水淀粉、食用油各适量

做法

1 丝瓜洗净，对半切开，切成条形，再切小块；豆腐洗净切开，再切成小方块。

2 锅中注清水烧开，加入1克盐、豆腐块，煮约半分钟，捞出，沥干水分，待用。

3 起油锅，下蒜末爆香，加丝瓜块、水、豆腐块、2克盐、鸡粉、生抽，煮沸。

4 再倒入老抽，续煮约1分钟，倒入水淀粉，炒至汤汁收浓，盛出撒上葱花即成。

PART 10 璀璨夺目·地方菜

　　用八大菜系来涵盖中国名菜远远不够。从北到南，从东到西，多少座城市人烟鼎盛，就有多少道璀璨夺目的名菜，它们是中华饮食文化这片星空下的熠熠星光，数不胜数。东北菜、上海菜、陕西菜等地方菜至今仍有广大的追随者。由于名菜数量众多无法一一涉足，本书只能挑出几道大家熟悉的菜肴，供读者参考烹制。

扫一扫看视频

地三鲜（东北菜）

⏱ 3分钟　🍲 开胃消食

原料： 土豆、茄子各100克，青椒15克，姜片、蒜末、葱白各少许
调料： 盐、味精、白糖各3克，蚝油、豆瓣酱、水淀粉、食用油各适量

做法

1　青椒洗净去子，切小块；土豆洗净去皮，切块；茄子去皮切丁，备用。

2　热锅注油烧热，先后倒入土豆、茄子，炸至金黄色捞出。

3　姜片、蒜末、葱白入油锅爆香，加入土豆、清水、盐、味精、白糖、蚝油、豆瓣酱炒匀。

4　中火煮片刻，倒入茄子、青椒炒匀，加入水淀粉勾芡，盛出菜肴装盘即可。

李记坛肉（东北菜）

⏱ 小时35分钟 🍲 美容养颜

扫一扫看视频

原料：五花肉350克，八角15克，腐乳30克，姜片、蒜瓣各40克，香葱1把
调料：生抽、料酒各5毫升，白糖30克，盐2克，甜面酱6克，黄豆酱30克，食用油适量

做法

1 处理好的五花肉切大块；处理好的蒜瓣用刀背拍扁；五花肉入水汆煮，片刻捞出。

2 另起锅注油烧热，倒入清水、白糖，炒至焦黄色，再注入适量的清水，拌匀盛出。

3 用油起锅，下八角、姜片、蒜瓣爆香，放入五花肉、香葱，淋上料酒，翻炒均匀。

4 淋上生抽、焦糖汁、腐乳、甜面酱、黄豆酱、盐，加盖，煮开后转小火煮30分

5 揭盖，将五花肉盛入砂锅，盖上砂锅盖，放在灶上加热，焖1小时，端出即可。

烹饪小提示

取下砂锅时须注意，以免烫伤自己。

锅包肉（东北菜）

⏱ 3分钟　🍲 养颜美容

原料： 猪瘦肉600克，蛋黄1个，蒜末、葱花各少许
调料： 盐4克，鸡粉2克，陈醋4毫升，白糖3克，番茄酱15克，水淀粉5毫升，生粉、食用油各适量

做法

1 取一个碗，加入清水、陈醋、白糖、2克盐、番茄酱，调成酱汁。

2 瘦肉切薄片，用2克盐、鸡粉、蛋黄腌渍，撒上生粉裹匀。

3 锅中注食用油烧热，放入肉片，炸熟捞出沥油。

4 起油锅，下葱花、蒜末爆香，倒入酱汁，煮沸，倒入水淀粉、肉片炒匀盛出即可。

扫一扫看视频

京酱肉丝（京菜）

⏱ 3分钟　🍽 开胃消食

原料： 千张皮1张，大葱120克，里脊肉150克，蒜蓉、姜末各10克

调料： 盐、蛋清、甜面酱、陈醋、白糖、味精、料酒、水淀粉、食用油各适量

做法

1. 里脊肉洗净切丝；千张洗净，切小方块；大葱洗净，切细丝。
2. 肉丝加盐、味精、蛋清拌匀，加清水淀粉、食用油腌渍，肉丝入油锅炸白，捞出。
3. 锅底留油，放入蒜蓉、姜末炒香，倒甜面酱、肉丝、料酒炒匀。
4. 加白糖、味精、盐、陈醋炒匀盛盘，摆上葱丝、千张皮即可。

老北京疙瘩汤（京菜）

⏱ 5分钟　🍽 开胃消食

原料： 西红柿180克，面粉100克，金针菇100克，鸡蛋1个，香菜叶、葱碎各少许

调料： 盐、鸡粉各1克，胡椒粉2克，食用油适量

做法

1. 金针菇洗净切根，稍稍拆散；西红柿洗净，切小块；清水入面粉拌匀成疙瘩面糊。
2. 起油锅，入葱碎爆香，放入西红柿，翻炒半分钟，注清水，加盖煮2分钟。
3. 放入金针菇，搅散，分次少量放入疙瘩面糊、盐、鸡粉、胡椒粉，搅匀。
4. 稍煮半分钟，鸡蛋打散，淋入锅中，搅匀，关火后盛出，放上洗净的香菜叶即可。

扫一扫看视频

6分钟

增强免疫力

山西打卤面（山西菜）

原料： 面条155克，去皮土豆150克，金针菇70克，香干40克，水发香菇3个，葱段、蒜末各少许

调料： 盐、鸡粉各1克，五香粉3克，生抽、料酒各5毫升，食用油适量

烹饪小提示

煮好的面条最好过一遍凉开水，防止面条粘黏，并且能使面条富有韧性，口感更佳。

做法

1 香干切丁；金针菇洗净切根；土豆切丁；香菇泡好切丁。

2 沸水锅中放入面条，煮至熟，捞出煮熟的面条，沥干水分，装碗待用。

3 用油起锅，入葱段、蒜末爆香，放入切好的土豆、香菇丁，加入五香粉，炒匀。

4 倒入切好的香干丁，翻炒数下，放入生抽、料酒，翻炒数下至着色均匀。

5 注入适量清水至没过食材，加入盐、鸡粉，倒入切好的金针菇，搅匀。

6 煮约2分钟至熟软入味，制成打卤料，盛出打卤料，浇在煮熟的面条上即可。

山西炸酱面（山西菜）

🕐 4分钟　　☁ 增强免疫力

扫一扫看视频

原料： 肉末80克，金针菇75克，黄豆芽80克，黄瓜65克，去皮胡萝卜60克，香菇40克，干黄酱35克，面条155克

调料： 白糖、鸡粉各2克，食用油适量

做法

1 金针菇洗净切根；黄瓜洗净切丝；香菇洗净切条；胡萝卜洗净，切丝。

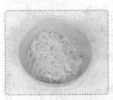
2 沸水锅中倒入面条，烫至熟，捞出烫好的面条，沥干水分，装碗待用。

3 锅中倒入香菇条、金针菇、黄豆芽，氽烫后放在面条上，上铺黄瓜丝、胡萝卜丝。

4 用油起锅，倒入肉末，炒至转色，放入干黄酱，稍稍搅散。

5 加入清水、鸡粉、白糖搅匀，稍煮1分钟成酱料，关火后盛出，浇面条上即可。

烹饪小提示

可以在炸酱做好后再煮面条，这样面条的口感会更好。

扫一扫看视频

🕐 5小时40分钟

🍲 开胃消食

陕西正宗麻酱凉皮（陕西菜）

原料：面粉200克，黄瓜80克，芝麻酱20克，香菜、蒜末各少许

调料：盐3克，白糖2克，生抽、陈醋、辣椒油各5毫升，食用油适量

烹饪小提示

饧发面团的时候可以盖上一块湿布，发酵效果会更好。

做法

1 洗净的黄瓜切长片，改切成丝。

2 面粉加清水，不停搅拌至成粗糙面团，再揉搓成纯滑面团，饧发30分钟。

3 面团注清水搓洗，将稀释出的淀粉水沉淀5小时，去水留浆，加1克盐拌匀。

4 取一盘，抹匀油，倒入面浆，晃匀，连盘入沸水锅，成型后煮1分钟，取出冷却。

5 将凉皮切条；取盘，放上黄瓜丝、凉皮。

6 用蒜末、芝麻酱、生抽、陈醋、2克盐、白糖、辣椒油，拌成麻酱，淋在凉皮上，放上香菜即可。

陕西臊子面（陕西菜）

扫一扫看视频

🕐 4分钟　☁ 开胃消食

原料： 油豆腐40克，熟面条200克，五花肉110克，韭菜15克，胡萝卜80克，水发木耳60克，蛋皮丝80克，辣椒粉30克，葱段少许

调料： 生抽5毫升，盐2克，鸡粉2克，陈醋10毫升，食用油适量

做法

1　油豆腐切丁；净胡萝卜去皮切粒；净韭菜择好，修齐切碎；净五花肉切小块。

2　热锅注油烧热，倒入五花肉，炒至转色，再加入葱段、辣椒粉、胡萝卜，炒匀。

3　加入泡发好的木耳，炒匀，淋入生抽、清水，拌匀，倒入油豆腐，稍搅拌，煮开。

4　加入盐、鸡粉、陈醋、蛋皮丝、韭菜，拌匀煮熟，将臊子盛出浇在面条上即可。

扫一扫看视频

40分钟

美容养颜

生煎包（沪菜）

原料： 大白菜200克，面粉500克，肉末100克，酵母、泡打粉5克，白糖、猪油20克，姜末适量

调料： 盐、白糖、蚝油各2克，鸡粉、味精各1克，生抽、老抽各3毫升，芝麻油、食用油各适量

烹饪小提示

揉面时，清水分几次加，每次都要充分地把面粉和水混合均匀，这样和出来的面吃水透。

做法

1 大白菜加1克盐、油焯水，捞出放入清水中，取出大白菜，拧干水分，切粒。

肉末加入1克盐、清水、鸡粉、味精、1克白糖、蚝油、生抽、老抽，拌匀。

3 放入姜末、芝麻油，拌匀，加入大白菜粒，拌匀，制成白菜肉馅，备用。

4 面粉加泡打粉、1克白糖、酵母、清水、猪油，揉搓均匀，揉搓至面团完全光滑。

5 用擀面杖将小面团擀成面饼，取适量白菜肉馅放入，收口捏紧成包子生坯。

6 包子生坯入蒸锅，加盖发酵30分钟；包子生坯入油锅，加清水焗3~4分钟即可。

扫一扫看视频

扫一扫看视频

冬瓜盅（沪菜）

🕐 小时　☁️ 美容养颜

原料： 田鸡50克，虾仁35克，鸡胗30克，口蘑25克，水发干贝7克，水发竹荪20克，冬瓜盅1个，生姜片15克，葱花5克

调料： 料酒、盐各适量

做法

1　田鸡洗净切趾，斩块；净鸡胗花刀切块；虾仁洗净切开；口蘑洗净切片。

2　锅中注清水，下田鸡块、鸡胗、虾仁、干贝，断生后加入竹荪、口蘑捞出。

3　锅中加清水，倒入焯水后的材料，加入生姜片拌匀，加盖焖煮30分钟。

4　材料煮熟，加料酒、盐，盛入冬瓜盅，将冬瓜盅入蒸锅，中火蒸约20分钟，撒上葱花即可。

上海油爆虾（沪菜）

🕐 7分钟　☁️ 保护视力

原料： 基围虾110克，姜片、葱花、葱段各少许

调料： 盐、鸡粉各2克，白糖3克，料酒、生抽、水淀粉各5毫升，食用油适量

做法

1　基围虾洗净，剪去虾尖和虾须，将基围虾入油锅炸2分钟，捞出。

2　净锅续加油烧热，入姜片、葱段爆香，倒入基围虾、料酒，翻炒数下。

3　加入生抽、清水、盐、鸡粉、白糖，炒匀调味。

4　加入水淀粉，翻炒至收汁，关火后盛出，撒上葱花即可。

扫一扫看视频

糯米鸡 (武汉菜)

🕐 45分钟　☁️ 安神助眠

原料： 糯米300克，鸡腿肉260克，干荷叶数张，鲜香菇粒50克，虾米40克，胡萝卜粒60克，鲜玉米粒80克，青豆70克，猪油40克，姜末少许

调料： 盐、白糖、鸡粉各少许，生抽3毫升，老抽、芝麻油各2毫升，蚝油3克，水淀粉5毫升，料酒、食用油各适量

做法

1 把糯米装入模具中，加清水、油拌匀，入烧开的蒸锅，加盖蒸35分钟，取出。

2 香菇粒、玉米粒、青豆、胡萝卜焯水捞出；鸡腿肉入沸水锅，氽去血水捞出。

3 用油起锅，放入虾米爆香，放入姜末、鸡腿肉、焯过水的材料，炒匀。

4 加入料酒、盐、白糖、鸡粉、清水、生抽、老抽、水淀粉成鸡肉馅料，盛出。

5 糯米饭加猪油、白糖、盐、鸡粉、蚝油、芝麻油拌匀，加馅料用荷叶包好，入锅蒸4分钟即可。

烹饪小提示

荷叶应放入温水中浸泡，待充分涨发再使用才不易破裂。

扫一扫看视频

🕐 2小时20分钟

☁ 瘦身陪考

卤鸭脖（武汉菜）

原料： 鸭脖200克，姜片20克，猪骨300克，老鸡肉300克，草果15克，白蔻10克，小茴香2克，红曲米10克，香茅5克，甘草5克，桂皮6克，八角10克，砂仁6克，干沙姜15克，芫荽子5克，丁香3克，罗汉果10克，花椒5克，葱结15克，蒜头10克，肥肉50克，红葱头20克，香菜15克，隔渣袋1个

调料： 盐30克，生抽20毫升，老抽20毫升，鸡粉12克，料酒、白糖、食用油各适量

做法

1 汤锅中加水、猪骨、鸡肉，煮沸，撇沫，熬煮1小时，捞出食材，剩汤料为上汤。

2 往隔渣袋内放入香料，收紧袋口。

3 起油锅，放入肥肉、蒜头、红葱头、葱结、香菜、白糖、上汤、香料袋，煮沸。

4 加入盐、生抽、老抽、鸡粉，煮30分钟，挑去葱结、香菜，即成精卤水。

5 锅中注清水烧开，放姜片、料酒、鸭脖，拌匀煮约3分钟，氽去血渍，捞出。

6 卤水锅煮沸，放入鸭脖、姜片，加盖小火卤40分钟，捞出切片，浇上卤汁即成。

扫一扫看视频

热干面（武汉菜） ⏱ 4分钟 🫘 降低血脂

原料： 碱水面100克，萝卜干30克，金华火腿末20克，葱花少许
调料： 盐6克，芝麻酱10克，芝麻油10毫升，生抽5毫升，鸡粉2克

做法

1 锅中注清水烧开，放入碱水面，煮1分钟，捞出装碗，淋入5毫升芝麻油，拌匀

2 锅中注清水烧开，加入盐，放入面条，烫煮1分钟至熟，把面条盛入碗中。

3 加盐、鸡粉，倒入萝卜干、火腿末，再加入生抽、芝麻酱。

4 倒入5毫升芝麻油、葱花，用筷子拌匀，调味，把拌好的热干面盛出装盘即可。

扫一扫看视频

清蒸开屏武昌鱼（武汉菜）

🕐 17分钟　🍲 增强免疫力

原料： 武昌鱼550克，圣女果45克，姜丝、葱丝、彩椒丝各少许

调料： 生抽、食用油各适量

做法

1. 净武昌鱼切头，鱼身切块，切尾去骨；圣女果洗净去蒂，切小块。

2. 取一个圆形蒸盘，依次摆放上鱼头、鱼身、鱼尾，待用。

3. 蒸锅上火烧开，放入蒸盘，盖上锅盖，用中火蒸约15分钟至熟。

4. 取出蒸盘，摆上圣女果，撒上姜丝、葱丝、彩椒丝，浇上少许生抽、热油即可。

扫一扫看视频

高汤砂锅米线（云南菜）

🕐 5分钟　🍲 开胃消食

原料： 水发米线180克，韭菜50克，榨菜丝40克，火腿肠60克，熟鹌鹑蛋40克，高汤200毫升，姜片少许

调料： 盐、鸡粉各2克，生抽5毫升，芝麻油4毫升

做法

1. 将去除包装的火腿肠切成片，再切丝；择洗好的韭菜切成均匀的长段。

2. 砂锅中倒入高汤、姜片，搅拌，加盖煮沸，放入米线、鹌鹑蛋、榨菜丝、火腿肠。

3. 加入盐、鸡粉，充分搅拌均匀，放入韭菜，稍稍搅拌后再次煮沸。

4. 加入生抽，略煮后撇去浮沫，淋入芝麻油，搅拌调味，关火后盛出即可。

扫一扫看视频

养生菌王汤（云南菜）

🕐 37分钟　　🥘 增强免疫力

原料： 金针菇100克，草菇80克，香菇75克，水发牛肝菌60克，葱段、姜片、香菜各少许

调料： 盐、胡椒粉各2克，鸡粉1克，食用油适量

做法

1 金针菇洗净切去根部，拆散；洗净去蒂的香菇切片；草菇洗净切根，对半切开。

2 锅中注清水烧开，放入草菇、香菇，烫1分钟至去除杂质且断生，捞出。

3 用油起锅，放入葱段和姜片，倒入泡好的牛肝菌，炒香，放入草菇、香菇、清水。

4 加盖煮开，转小火续煮30分钟，放入金针菇、盐、鸡粉、胡椒粉，煮约2分钟，关火后放上香菜即可。

扫一扫看视频

⏱ 10分钟

🍲 增强免疫力

酸汤鱼（云贵菜）

原料： 草鱼800克，莲藕80克，土豆、芹菜各60克，西红柿85克，水发海带丝、黄豆芽各65克，豆皮35克，干辣椒、花椒粒各10克，葱段、蒜末各适量

调料： 白醋、料酒各5毫升，盐5克，鸡粉、胡椒粉各2克，食用油、水淀粉各适量

烹饪小提示

切好的土豆可先在清水中泡去多余淀粉，口感会更好。

做法

1 土豆、莲藕洗净去皮，切片；豆皮切粗丝；芹菜择好切碎；净西红柿去蒂切瓣。

2 净草鱼切开剔骨，鱼骨剁小块，鱼肉切片，加2克盐、2毫升料酒、水淀粉、油，腌渍。

3 起油锅，倒入干辣椒、葱段爆香，放鱼骨、3毫升料酒，注清水至没过食材，搅拌煮热。

4 倒土豆、莲藕、海带丝、豆皮、黄豆芽拌匀，加盖，大火煮开后转小火煮5分钟。

5 倒入西红柿，拌匀，加入3克盐、鸡粉、胡椒粉，关火捞出。

6 锅里的汤加热煮沸，倒入鱼片、白醋，将鱼片汤装碗，铺上芹菜、蒜末、花椒粒，浇上热油即可。

扫一扫看视频

凉拌折耳根（贵州菜）

⏱ 2分钟　　😋 清热解毒

原料： 折耳根70克，葱末8克，蒜末8克

调料： 盐2克，鸡粉2克，白糖3克，生抽4毫升，陈醋3毫升，花椒油3毫升，油泼辣子适量

做法

1 择洗好的折耳根切成小段，待用。

2 折耳根倒入碗中，放入葱末、蒜末。

3 加盐、鸡粉、白糖，淋入生抽、陈醋。

4 加入花椒油，倒入油泼辣子，搅拌匀，装盘即可。

伊斯兰小炒（清真菜）

🕐 6分钟　　🥘 增强免疫力

扫一扫看视频

原料： 羊肉100克，红椒40克，青椒40克，去皮茭白60克，茼蒿40克，豌豆30克，生粉20克，姜片、葱段各少许

调料： 盐、鸡粉各6克，白胡椒粉3克，料酒10毫升，食用油适量

做法

1 茭白切丁；青椒、红椒洗净，去子切小块；茼蒿洗净切小段；羊肉洗净切丁。

2 羊肉丁加3克盐、3克鸡粉、白胡椒粉、5毫升料酒、生粉，充分拌匀，腌入味。

3 沸水锅中倒入腌渍好的羊肉丁，放入豌豆、茭白，汆煮片刻至断生，捞出。

4 热锅注油烧热，倒入葱段、姜片，爆香，放入汆煮好的食材、红椒块、青椒块。

5 加入5毫升料酒、3克盐、3克鸡粉，倒入茼蒿，充分炒匀至食材熟软入味，盛出。

烹饪小提示

在汆煮羊肉的时候，可以加入几颗山楂，这样可以有效地去除羊膻味。

扫一扫看视频

盐水大虾（清真菜）

🕐 4分钟　　🍲 增强免疫力

原料： 对虾120克，花椒5克，姜片6克，大葱段6克
调料： 料酒4毫升，盐3克

做法

1 洗净的对虾剪去虾须，将其背部切开，待用。

2 锅中注入适量清水大火烧开，放入花椒、大葱段、姜片，淋入料酒。

3 加入盐，拌匀，放入处理好的对虾，用大火煮3分钟，捞出，装碗。

4 将锅中的汤汁浇在对虾上，让对虾静置片刻，放凉至入味。

花生炖羊肉 (清真菜)

⏱ 38分钟　🖐 增强免疫力

扫一扫看视频

原料： 羊肉400克，花生仁150克，葱段、姜片各少许

调料： 生抽、料酒、水淀粉各10毫升，盐、鸡粉、白胡椒粉各3克，食用油适量

做法

1 洗净的羊肉切厚片，改切成块。

2 沸水锅中放入羊肉，搅散，氽煮至转色，捞出羊肉，放入盘中待用。

3 热锅注油烧热，放入姜片、葱段，爆香，放入羊肉，炒香，加入料酒、生抽、清水、花生仁、盐。

4 加盖，大火煮开后转小火炖30分钟，加入鸡粉、白胡椒粉、水淀粉拌匀即可。

扫一扫看视频

红扒羊蹄（清真菜）

🕐 85分钟　　🥗 养颜美容

原料： 羊蹄700克，八角8克，大葱10克，姜片5克

调料： 生抽9毫升，料酒、水淀粉各4毫升，老抽、食用油各适量

做法

1 锅中注清水烧开，倒入处理好的羊蹄，汆去杂质，捞出待用。

3 将羊蹄捞出装盘，撒上大葱、八角、姜片，浇上锅中汤汁，待用。

烹饪小提示

羊蹄膻味较重，汆水时可加入些许白醋。

2 锅中注清水烧热，倒入羊蹄、料酒、生抽，加盖，煮开后转小火焖1小时。

4 电蒸锅注水烧开，放入羊蹄，加盖蒸20分钟，取出，捡去八角、大葱、姜片。

5 将汤汁倒入热锅内，淋入老抽、水淀粉、食用油，制成酱汁，浇在羊蹄上即可。

新疆羊肉串（清真菜）

⏱ 15分钟　🫁 保肝护肾

扫一扫看视频

原料： 羊肉丁180克，洋葱粒30克，孜然粒12克，白芝麻20克，辣椒粉15克

调料： 盐3克，孜然粉少许，料酒4毫升，食用油适量

做法

1 羊肉丁加洋葱粒、孜然粒、部分白芝麻、料酒、盐、孜然粉、辣椒粉、油，腌渍。

2 取竹签穿上羊肉，制成羊肉串生坯，烤盘中铺好锡纸，刷油，放上生坯。

3 在生坯上涂油，撒上孜然粒、白芝麻，推入预热好的烤箱中，关箱门。

4 上火调为200℃，选择"双管发热"，下火调为200℃，烤12分钟即可。

扫一扫看视频

五香酱鸭（江西菜）

🕐 165分钟　　🍴 增强免疫力

原料： 鸭块220克，花椒粒10克，冰糖40克，草果、香叶、丁香、八角、姜片、小葱各适量

调料： 料酒5毫升，生抽4毫升，老抽2毫升，盐3克，鸡粉2克，食用油适量

做法

1 锅中注清水，大火烧开，倒入处理好的鸭块，氽煮去除血水，捞出待用。

2 热锅注油烧热，倒入少许清水、冰糖，将糖浆煮成焦糖色，注清水煮沸。

3 倒入鸭块、小葱、姜片，再放入八角、丁香、香叶、草果、花椒粒，拌匀。

4 淋入料酒、生抽、老抽，搅匀，放入盐，盖上锅盖，煮开后转小火煮40分钟。

烹饪小提示

鸭肉性寒，烹饪时可多放点生姜，会更有利于健康。

5 加入鸡粉，搅拌，将鸭肉连汤汁装碗，浸泡2个小时，捞出，加少许汤汁即可。

扫一扫看视频

🕐 70分钟

💪 益气补血

酥四样（江西菜）

原料： 排骨块200克，鸡肉80克，瘦肉70克，去皮冬笋55克，水发海带50克，八角2个，桂皮2片，大葱20克，姜片少许，熟白芝麻20克，白酒50毫升

调料： 生抽5毫升，老抽、陈醋各3毫升，盐、鸡粉、白糖各3克，食用油适量

烹饪小提示

排骨氽水时，可加入适量料酒，可以去除排骨中的腥味。

做法

1 冬笋切滚刀块；海带洗净切片；瘦肉洗净，切小段；鸡肉洗净切块。

2 沸水锅中倒入冬笋、海带，煮断生捞出；再倒入排骨块，氽去血水，捞出。

3 倒入瘦肉、鸡肉，氽煮片刻，去除血水，捞出。

4 热锅注油烧热，倒入八角、桂皮、姜片、大葱爆香，加入排骨块、瘦肉、鸡肉。

5 加入白酒、生抽、冬笋、海带、清水、老抽、盐、白糖、陈醋、熟白芝麻。

6 加盖，大火煮开后转小火煮1小时，撒上鸡粉，充分拌匀入味，关火盛出即可。

扫一扫看视频

水晶肉丸 (江西菜)

⏱ 4分钟　　🍎 增强免疫力

原料：肉末165克，香菇50克，上海青60克，土豆淀粉45克，蛋清40克，火腿肠55克，姜末、葱段各少许

调料：盐2克，鸡粉3克，胡椒粉3克，料酒4毫升

做法

1 上海青洗净切根，切段；去除包装的火腿肠切片；洗净去蒂的香菇切块。

2 碗中加肉末、姜末、蛋清，加入1克盐、1克鸡粉、1克胡椒粉、料酒，拌匀。

3 取一盘抹上一部分土豆淀粉，肉馅捏成肉丸，再次撒上土豆淀粉，抹在肉丸上。

4 锅中注清水烧热，放入肉丸，煮至浮起，倒入香菇、火腿肠、葱段，稍稍搅拌。

烹饪小提示

香菇最好用流动水来冲洗，能更好地去除杂质。

5 加海青、1克盐、2克鸡粉、2克胡椒粉，搅拌调味，将肉丸带汤盛出即可。

啤酒烧鸭（江西菜）

⏱ 20分钟　🍲 增强免疫力

扫一扫看视频

原料： 鸭肉块250克，啤酒100毫升，冰糖50克，豆瓣酱40克，姜片、葱花各少许

调料： 生抽6毫升，盐2克，鸡粉2克，食用油适量

做法

1　锅中注清水大火烧开，倒入处理好的鸭肉块，汆煮去除血水，捞出。

2　起油锅，倒入姜片爆香，倒入鸭肉块、冰糖，炒至冰糖溶化，放入豆瓣酱，翻炒。

3　倒入啤酒，搅拌匀，淋入生抽，拌匀，盖上盖，大火煮开后转小火煮10分钟。

4　加入盐、鸡粉，翻炒调味，关火后盛出装碗，撒上葱花即可。

胡辣汤（河南菜）

⏱ 12分钟　☁ 开胃消食

原料：水发海带100克，干虾仁10克
调料：盐2克，胡辣粉30克

做法

1 泡发处理好的海带切成丝，待用。

2 备好电饭锅，倒入胡辣粉，注入适量清水，搅拌均匀，倒入海带、干虾仁。

3 盖上锅盖，调至"蒸煮"状态，定时为10分钟，将食材煮至入味。

4 待10分钟后，按下"取消"键，打开锅盖，加入盐，搅匀调味，盛出装碗即可。